ぶつり学入門

物理学の視点で釣りを科学する

Analyzing “fishing” from a physics perspective

三澤信也
Misawa Shinya

はじめに

本書は、物理教師と釣りバカがタッグを組んで完成させた自信の一冊です。

日本には釣りを楽しむ人が大勢いますが、長野県という内陸部に暮らしながら毎週のように海まで出かけて釣りをする市川憲一もその一人です。同僚に誘われて何度か釣りをするうちに、すっかり魅了されてしまいました。いまでは立派な釣りバカです。

そんな彼から釣りの話を聞き、釣りの奥深さを感じたのが著者です。高校の物理の教師をしている私は、物理的な視点からものごとを考えるのが癖になっているのかもしれません。それは、釣りの話を聞いているときも同様でした。私は、釣りのことを知れば知るほどに、そこにたくさんの物理、あるいは科学が潜んでいることに気づいたのです。

そこで、釣りの道具、釣りの方法などいろいろな角度から釣りに関わる物理学を検討してみました。もちろん、釣りバカの協力を得ながらです。すると、昔から使われてきた釣り具がとても理にかなったものであることに気づいたり、最新の釣り具に物理学が活かされていることが分かったりと、興味深い発見がたくさんありました。釣りをするわけではない私ですが、釣りと物理の関係を知れば知るほどに「なるほど」「そうだったのか！」と感動したのです。

この経験を活かし、釣りをする方にも、釣りをしない方にも楽しんでいただけるようにと執筆したのが本書です。釣りをする方にとって本書は、釣りの楽しみや味わいを増すだけでなく、釣果(ちょうか)を上げるのにもきっと役立つことと思います。釣りをされない方は、釣りをしなくても本書を読むだけで釣りの楽しさ、奥深さを感じられることでしょう。釣りをする方もしない方も、気楽に読んでいただけるものに仕上げました。

なお、本書ではおもに釣りにまつわる「物理」をとり上げていますが、もう少し広く「科学」的な知見も交えて書いています。

また、物理的内容を詳しく書いた部分については、読み飛ばしていただいても話の流れを理解していただけます。該当する部分は実線で囲んであります。もちろん、物理を学んだ経験のある方などには読んでいただければと思います（およそ高校物理までの内容です）。

これとは別に、破線で囲んだ部分もあります。これは話が脱線している部分（脱線しているけれども楽しんでいただけると思い残した部分）です。「ここは脱線部分だな」と思っていただければ読みやすくなると思います。

たとえ自分が釣りをしなくても、ほとんどの人は釣りで得られたものを食しています。釣りは、私たちと非常に深く関わっているのです。そんな釣りについて、本書を通して理解を深めていただけたら、著者にとっても監修・協力者にとってもこの上ない喜びです。

三澤信也

ぶつり学入門　物理学の視点で釣りを科学する

目 次

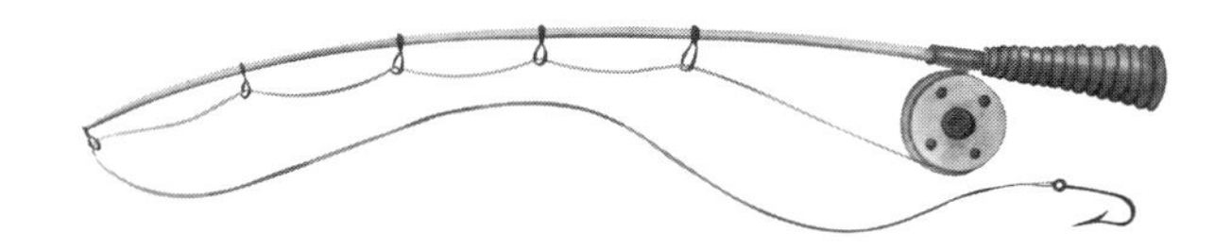

第2章　釣りの方法と科学 —— 101

第3章　魚の身体にまつわる科学 —— 147

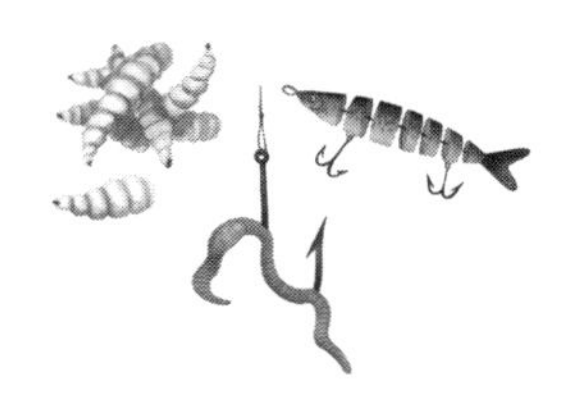

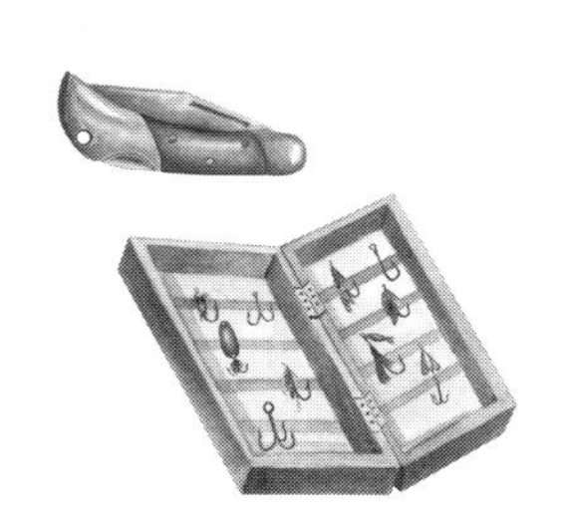

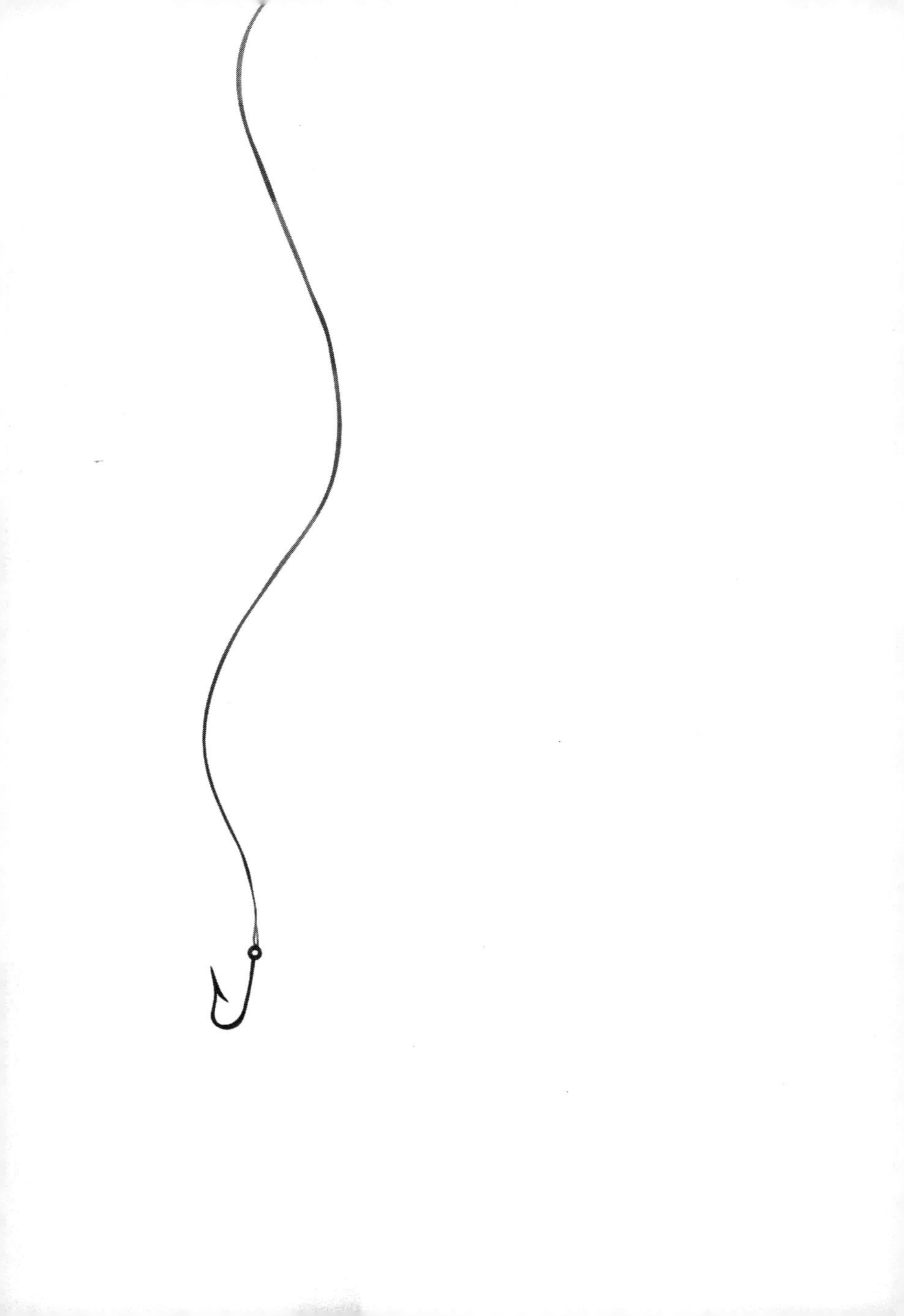

第1章
釣り具の性能と科学

1

釣り針の軸はなぜ長いのか？

釣りの成果は、どのような道具を使うかによって大きく変わります。だからこそ、釣りを愛する多くの方が道具にこだわりを持っています。

そこで、いろいろな釣り具をとり上げ、そこに隠れた科学を解明してみましょう。知られざる釣り具メーカーの工夫、自分にとって最適な釣り具の選び方などに気づくきっかけになると思います。今回は、釣り針について考えてみます。

釣り具の中でも、魚と直接接触するのは釣り針です。釣り針がしっかりしていなければ、せっかく魚がかかっても釣り上げることができません。しかし、あまり太くて大きな釣り針では目立ちすぎてしまい、魚に警戒されてしまうでしょう。また、形としては魚の口にかかりやすいものが求められます。釣りにおいて、釣り針の形状が重要であることが分かります。さて、実際にはいろいろな形の釣り針が使われていますが、共通するのは軸側（釣り糸やルアーとつながっている方）の方が長くなっているということです。

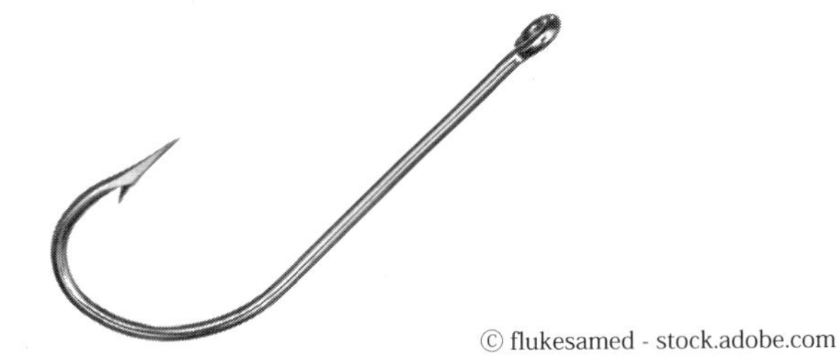
Ⓒ flukesamed - stock.adobe.com

どうして、釣り針の軸は長くなっているのでしょう？ 例えば、「針先側が長くなっている方が、魚の口に刺さったときに抜けにくいのではないか？」とも思えます。軸が長くなっているのには、理由がありそうです。今回はこのことについて詳しく考えてみたいと思います。

まずは、釣り針が魚の口に引っかかるまでにどのようなことが起こるのか考えてみましょう。

魚が餌を見つけて接近し、餌を食べようとして口を開けるとき、水の流れが生じます。これは、口を開けた魚が鰓(えら)から排水しながら口の中へ水を吸い込むためです。つまり、魚の口に向かって水流が生じるのです。

釣り針は、このとき生じる水流によって魚の口の中へと引き込まれていきます。そして、上唇に引っかかることになるのです。

さて、このとき釣り針が次のような向きで魚の口へ入っていったら針先がうまく引っかかることはないでしょう。

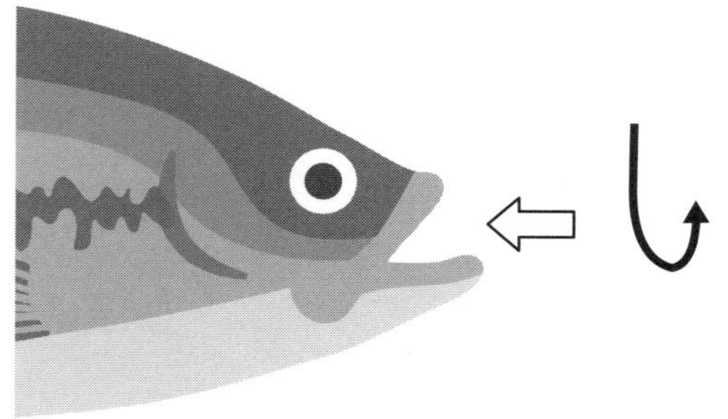

© R－DESIGN － stock.adobe.com

うまく引っかかるためには、釣り針が次のように口の中へ入る必要があります。

© R－DESIGN － stock.adobe.com

このとき、釣り針がどのような向きで魚の口の中へ入っていくかはそのときどきで変わる、だからうまく引っかかるかどうかは運次第ということなのでしょうか？　実は、このことに釣り針の軸の長さが関係しているのです。

軸が長ければ、それだけ軸の質量が大きくなります。つまり、軸が長いことには軸側と針先側で質量に差をつける意味があるのです。

物体が力を受けるとき、動きが変わります。動きの変化は「加速度」で表され、物体が受ける力と次のような関係があります。

$$ma=F$$

（m：物体の質量　a：物体に生じる加速度　F：物体が受ける力）

これは、運動方程式と呼ばれるものです。運動方程式はニュートン力学の根幹であり、力を受ける物体の運動を理解するのに欠かせないものです。

運動方程式から、物体に生じる加速度の大きさは物体が受ける力の大きさに比例し、物体の質量に反比例することが分かります。ここで、「加速度」とは「単位時間あたりの物体の速度変化」のことであり、加速度が大きいことは物体の動きが激しく変化することを示します。運動方程式から分かることを簡潔に整理すると、

- 物体の質量が一定であれば、大きな力を受けるほど動きが激しく変化する
- 物体が受ける力の大きさが一定であれば、質量が大きいものほど動きが変わりにくい

となります。

さて、ここから釣り針が水流から受ける影響についてどのように考えられるでしょう？

魚が口を開けて水流が発生するとき、釣り針の軸側も針先側も力を受けます。このとき、長い軸側の方が水がたくさん当たるため、水流から大きな力を受けるでしょう。ただし、軸側と針先側はつながっているため互いに力を及ぼしあいます。互いに及ぼしあう力は「作用」と「反作用」と呼ばれ、大きさが等しくなることが分かっています。

この影響を含めて考えると、軸側と針先側が受ける力の大きさにはそれほどの差がないことになります。

それに対して、質量には明確な差があります。仮に軸側と針先側の太さが同じであれば、質量は長さに比例します。よって、軸側の方が針先側より質量が大きくなっているのです。以上のことから、水流によって生じる加速度は質量の大きい軸側の方が小さくなることが分かります。

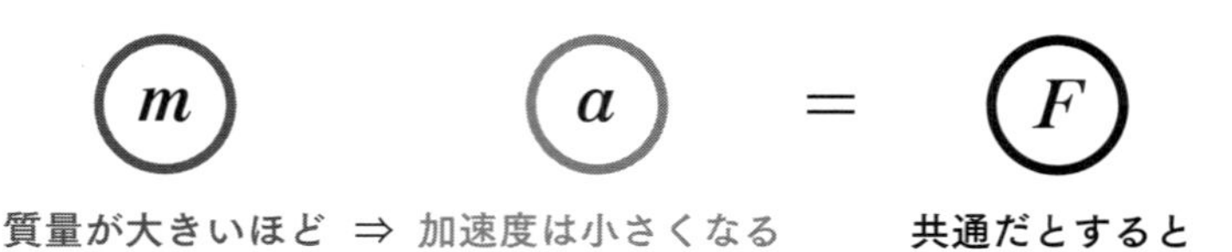
m
a
=
F
質量が大きいほど ⇒ 加速度は小さくなる
共通だとすると

加速度が小さいということは、動きが変化しにくいということです。魚が接近するまで釣り針が静止していた場合、あまり動きが速くならないことになります。

以上のことから、魚が口を開けて水流が発生したとき、質量の小さい針先側の方が魚の口へ向かって動きやすいことが分かります。そして、針先側が先に吸い込まれて引っかかりやすくなるのです。

釣り針の軸を長くすることには、このような効果があるのだと分かります。

さて、釣り針の軸が長くなっていることには他にも利点がないか考えてみましょう。今度は、水中での釣り針の姿勢について考えてみたいと思います。

釣り糸（ハリス）などに取り付けられた釣り針は、次のような姿勢で安定することはないでしょう。

このような姿勢では、「力のモーメントのつりあい」が成り立たなくなってしまうからです。物体にはたらく力には、物体を回転させようとするはたらきがあります。これを「力のモーメント」と呼びます。釣り針は、力のモーメントがつりあった状態で安定するのです。

釣り針には、重力がはたらきます。重力は実際には釣り針のあらゆる位置に分散してはたらいているわけですが、そのままでは考えにくくなります。そこで、重力を１つにまとめて（合成して）考えます。このとき（合成した）重力がはたらく点は「重心」と呼ばれます。

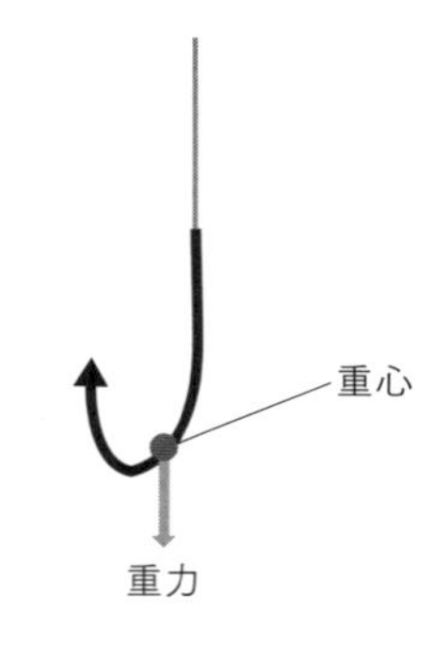

釣り針には、重力の他に糸から引かれる力（糸の張力）もはたらきます。これは当然、糸との接触点で受けることになります。さらに、釣り針が水中にあれば水から浮力を受けます。周りの水から、釣り針を浮かせようとする力がはたらくのです。浮力は釣り針全体にはたらくのですが、重力と同様に重心に作用する１つの力としてまとめる（合成する）ことができます。

結局、釣り針には次のような力がはたらくことになります。

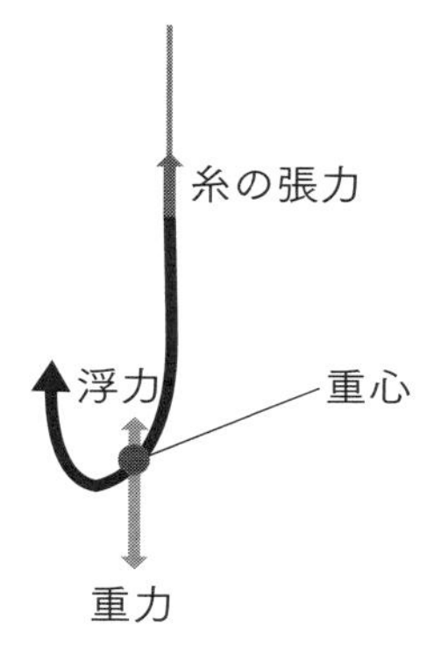

釣り針にはたらく力を確認したところで、力のモーメントのつりあいについて考えてみましょう。ここでは、糸との接触点を回転軸と考えます。

このとき、重力と浮力は釣り針を回転させようとするはたらきを持ちます。これがモーメントで、モーメントの大きさは次のように求められます。

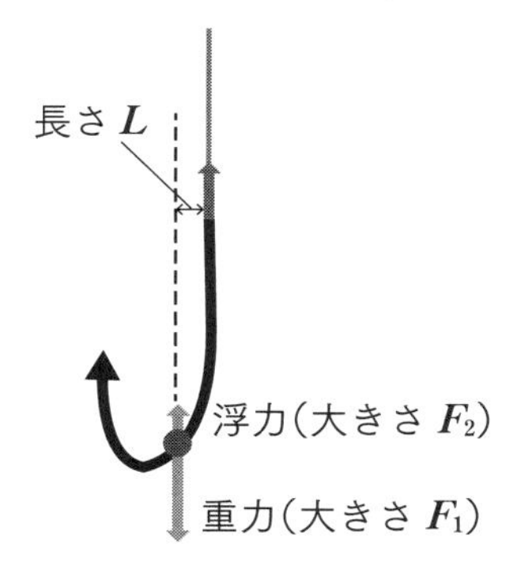

重力のモーメントの大きさ $= F_1 L$

…釣り針を反時計回りに回転させようとする効果の大きさを表す

浮力のモーメントの大きさ ＝F_2L

…釣り針を時計回りに回転させようとする効果の大きさを表す

重力と浮力は互いに釣り針を逆向きに回転させようとするわけですが、釣り針が一定の姿勢で安定するには両者のモーメントの大きさが等しくなければなりません。

ここで、釣り針には上向きに「糸の張力」と「浮力」、下向きに「重力」がはたらいてつりあっています。このことから、浮力は重力よりも小さい、すなわち $F_2 < F_1$ であると分かります。つまり、浮力のモーメントは重力のモーメントよりも小さいのです。

よって、重力のモーメントと浮力のモーメントの大きさが等しくなるのは $L=0$ の場合だけであると分かります。釣り針は、$L=0$ の状態で安定するのです。

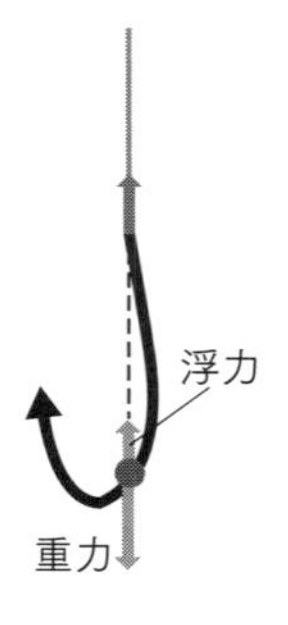

以上のことから分かるのは、吊るされた釣り針は重心が糸（あるいはルアー）との接触点の真下に位置するように安定するということです。

さて、釣り針の重心の位置は釣り針の形状によって変わります。極端な２つの場合で比べてみましょう。

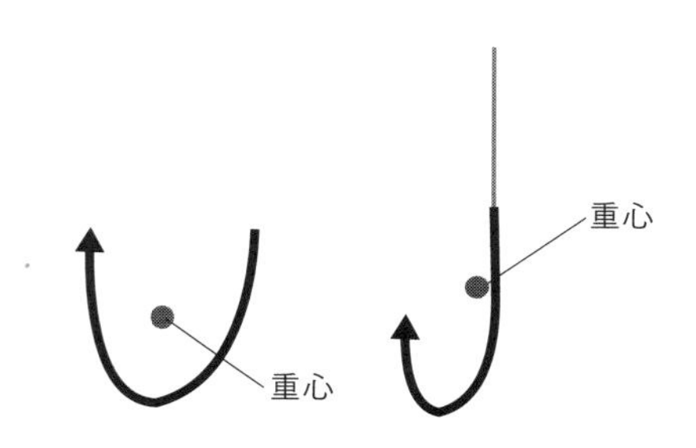

両者の違いは、針先側と軸側で長さに差があるかどうかです。そして、重心の位置の違いから、これらを吊るして安定したときの姿勢に違いが生まれます。

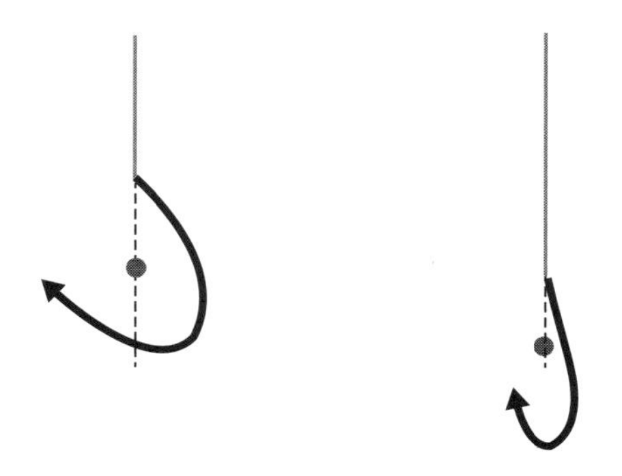

図から、軸の長い釣り針の方が、針先がより上を向いた状態で

安定することが分かります。魚が釣り針を吸い込んだとき、針先が魚の上唇に引っかからなければなりません。そのためには、針先が上を向いている方が有利です。釣り針の軸を長くすることで、そのような状態が実現されやすくなるのです。

ここまで、釣り針の軸を長くすることにどのような意味があるのか物理的に考えてきました。ところで、釣り針を使って魚を釣ることには「釣った魚を美味しく食べられるようにする」効果があります。例えば、カジキを銛(もり)で突くのでなく釣り針と釣り糸で釣り上げれば、身に傷をつけずに済みます。魚の身体に傷がつくと、鮮度の低下が速く進んでしまいます。そのような場合、売値も下がってしまいます。釣った魚を美味しく食すためにも、釣り針は重要なのです。

なお、釣った魚の鮮度を落とさないためには脳締めや神経締め、血抜きが重要になりますが、これについては168ページ以降で詳しく説明します。さらに、熟成させるかさせないかで味が大きく変わりますが、その仕組みについても175ページ以降で説明します。

釣り針には、軸の長さ以外にももろもろの工夫が施されています。例えば、針先にある返しです。

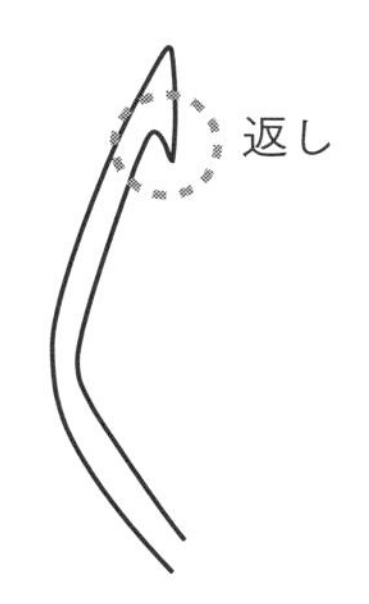

返しがあることで、かかった魚が外れにくくなります。ただし、返しにはデメリットもあります。

例えば、釣り上げた魚から針を外すとき、返しがない方が外れやすくなります。釣った魚から針を簡単に外せれば、すぐに釣りを再開できます。

さらに、針を外したときに誤って針が人の指などに刺さってしまうことがあります。そのようなときに、返しがない方が傷口を広げにくくなります。

また、返しがない方が針先は細くなるため、魚に針が刺さる確率が高くなるとも言われます。そして何より、釣った魚をリリースするときには返しがない方が魚を傷つけずに済みます。あるいは、かかった魚に糸を切って逃げられたとき、返しがあると釣り針と釣り糸を海の中に残すことにもなってしまいます。このようなことを防ぐため、遊漁船の中には返しがある釣り針の使用を禁止している魚種があるものもあります。現代の釣り具には、環境への負荷を最小限にするための努力も求められているのです。

2

どんなライン（釣り糸）が魚に見つかりにくい？

水中へ餌(ルアー)を投入したとき、その存在を魚に気づいてもらう必要があります。しかし、ライン(釣り糸)にまで気づかれると魚に警戒されてしまうおそれがあります。この対策として、魚に見つかりにくいようさまざまな工夫が施されたラインが多くのメーカーから販売されています。どのようなラインなら魚に見つかりにくいのでしょう？ 今回はこのことについて考えてみます。

まずは、色の工夫があります。水中で見つかりにくい色としては、周囲と同化するものがあります。

例えば、海の深いところにいる魚を狙うのに黒色のラインが使われることがあります。光が届きにくい海底は、暗く（黒く）見えます。そのような環境で、黒色のラインは海底と同化して魚に気づかれにくくなるのです。

また、赤色のラインが使われることがあります。これは、赤色の光は水に吸収されやすく、水中では遠くまで届きにくいためです（220ページ参照）。赤色にしたら目立ってしまうようにも思えますが、水中では赤色のものは認識されにくいことからあえて赤に着色しているようです。

©Михаил Жигалин - stock.adobe.com

© Pamir - stock.adobe.com

このようにあえて着色したラインが使われることもありますが、着色により目立ってしまう心配もあります。着色していないラインがオーソドックスと言えるかもしれません。そのような場合にも、水中で見つかりにくくするための工夫があります。ポイントは、素材とする物質の「屈折率」です。

> 光は空気中だけでなく、ガラス、水などいろいろなもの（「透明」と言われるもの）の中を進むことができます。このとき、光が進む速さは通過する物質の種類によって変わります。
>
> 光の進む速さが真空中を進む場合に比べてどのくらい変わるかを表すのが「屈折率」で、例えば光の進む速さが真空中の$\frac{1}{2}$となる物質の屈折率は２です。

そして、光は屈折率が異なる物質どうしの境界面で屈折をします。

（例）空気と水の境界面での光の屈折

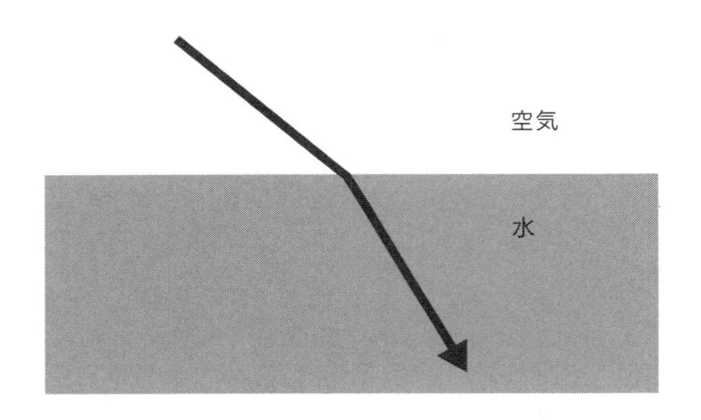

図では光が空気中から水中へ進む様子を示しています。このとき、空気と水の境界面に差し込むすべての光が水中へ入っていくわけではありません。境界面で反射して空気中へ戻る光もあります。水面が明るく輝いて見えるのは、水面で光が反射するからです。

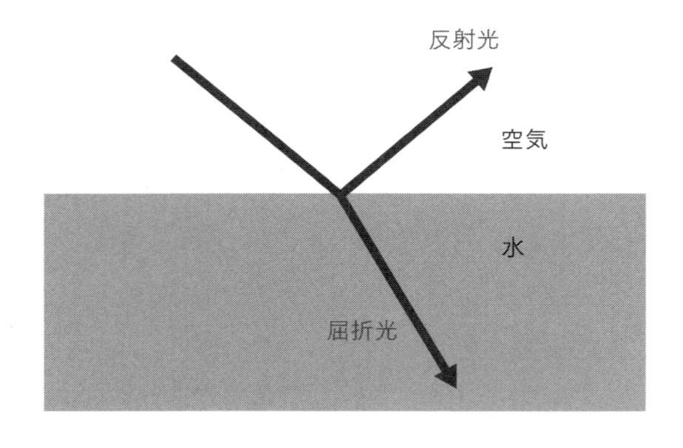

光はこのように異なる物質（A と B とします）の境界面で反射と屈折をするのですが、これは A と B の「屈折率」が異なるために起こることです。

もしも A と B が異なる物質であっても「屈折率」が等しければ、境界面を通過しても進行方向は変わりません。つまり、屈折しないのです。

（例）A と B の屈折率が等しい場合

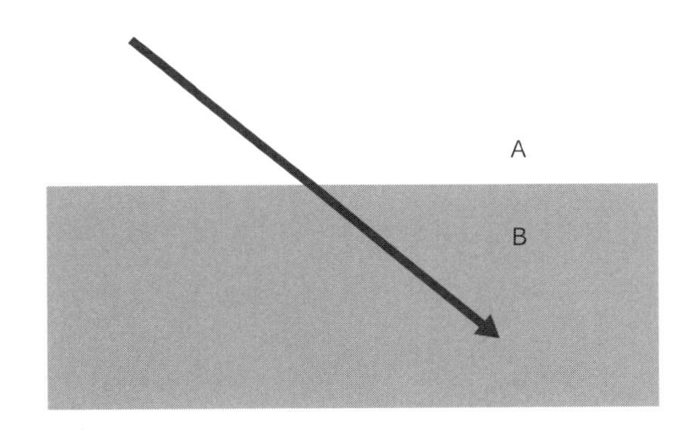

このとき、光は屈折しないだけでなく反射もしません。よって、屈折率が等しい物質どうしの境界面では光は直進するのみなのです。

このことは、身近なものを使って確かめられます。例えば、透明なコップの中に水を入れ、この中にアクリル製の定規を入れてみます。このときには、たとえ透明な定規でもそれが入っていることが目で見て分かります。

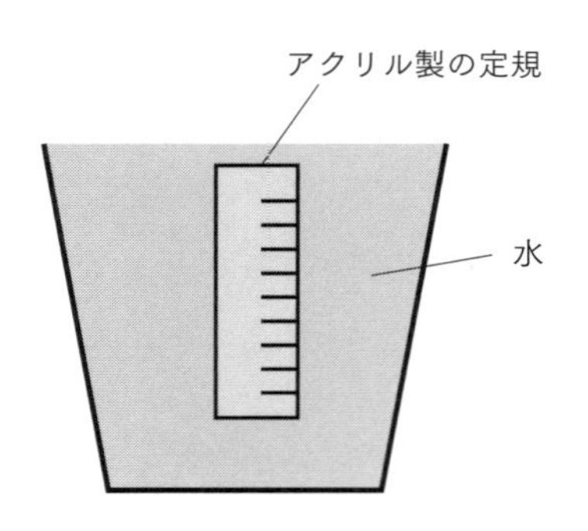

これは、アクリルと水の屈折率が異なるため、水と定規の境界面で光が反射するためです。今度は、水の代わりにサラダ油を入れてみます。すると、定規は見えなくなってしまう（目盛りだけが浮き上がって見える）のです！　とても不思議な光景ですが、アクリルとサラダ油の屈折率がほぼ等しいため、両者の境界面で光が反射しないためにこのように見えるのです。

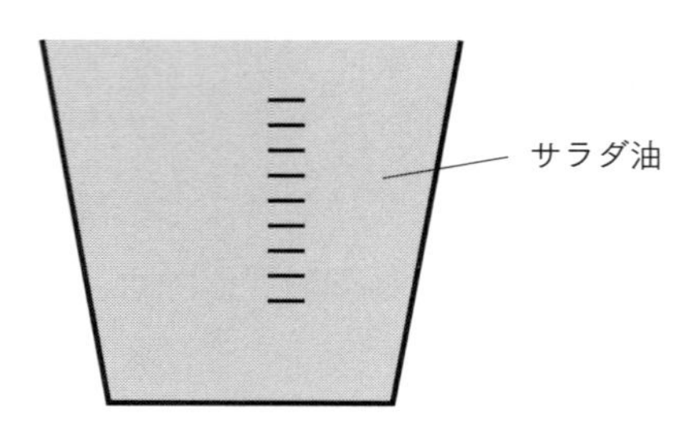

この実験から分かるのは、屈折率が水に近い物質であれば、水中へ入れたときに見えにくくなるということです。そして、そのような素材が実際にラインに使われているのです。

代表例は、「フロロカーボン」です。フロロカーボンの屈折率は 1.42 ほどであり、水の屈折率（約 1.33）に近いため、水とフロロカーボンの境界面では光がほとんど反射しないのです。

なお、フロロカーボンには吸水性がないため、強度劣化が起こりにくくなります。また、ナイロンより硬く絡みにくいという特徴もあります。

硬いというフロロカーボンの特徴は、ラインの丈夫さにつながります。しかし、ラインの硬さは餌（ルアー）の動きに不自然さを与えることにもつながってしまいます。また、硬いと伸びにくくなり、急に大きな力がかかったときには逆に切れやすくなってしまいかねません。ラインの素材選びでは、このようなことも考慮する必要がありそうです。

魚から見えにくいラインを使って魚をかかりやすくしても、ラインが切れて釣り上げられなくなってしまったら意味がありません。ラインには当然、切れにくいことも求められるのです。

ナイロンはフロロカーボンに比べると水との屈折率の差が大きいですが（ナイロンの屈折率は 1.53）、伸びるため引っ張り強度が高いというメリットもある素材です。目的とする魚に合わせて、ラインの素材を考えるのがよさそうです。

もちろん、ラインの太さの使い分けも大切です。小さい魚を狙うときには見つかりにくい細いライン、マグロのような大きな魚を目標とするときには太いものを使うべきでしょう。

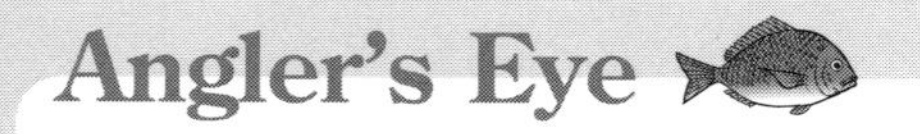

トラブルを未然に防ぐ！

アングラー（釣り人）にとって、釣り針やラインの選定は釣果を上げるために非常に重要です。魚がかかったときに針が伸びたり折れたり、ラインが切れたりする可能性があるからです。「フックアウト」や「ラインブレイク」はできるだけ避けたいですね。日本には優れた釣り具メーカーが多く、高品質な製品が揃っています。

例えば、バレにくい強度のある釣り針や、魚に見えにくくトラブルが少なく遠くまで飛ばせるライン、水中や水面でルアーの操作性がよいライン、魚とのやり取りを有利に進めるための道糸（ライン）とハリス（リーダー）などがあります。道糸とハリス、スイベルなどの接続金具との結び目（ノット）は特に重要で、確実に接続を行なう必要があります。ノットの種類はとても多く、難易度や所要時間も異なります。ノットにこだわるアングラーも多いです。また、金属スリーブを工具でかしめる方法もあります。

さらに、リール（スプール）にラインを巻く際には、ライン強度とターゲットに応じた適切なテンションで巻くことが重要です。これにより、より遠くに飛ばすことができ、投げるときや大物が走ったときのラインのトラブルを防ぎます。

これらの製品のポテンシャルを最大限に引き出すためには、正しい「使い方」が最も重要です。アングラーは、知識や経験をもとにこだわりを持って準備するべきでしょう。

釣りの楽しみは釣りをしている時間だけにあるのではなく、準備をしているときから釣りを楽しんでいると言えるのかもしれません。

3

ルアーの素材をタングステンにするメリットとは?

釣りには、餌を使う方法とルアー（疑似餌）を使う方法があります。ルアーではなく餌を使う方が広い範囲から魚を引き寄せられ、多く釣ることができるとも言われます。一方、ルアーは適切な場所で適切なものを使わないと釣れませんが、その分ゲーム性が高く、釣れたときの感動もひとしおです。また、餌に触ることや餌の匂いが苦手という人には向いていると言えます。今回は、ルアーについて考えてみます。

特に、海中で小魚を食べている大きな魚を狙うには、ルアーを水中へ沈めて小魚のように動かします。このときには、金属製のルアーを使います。このような釣りは「ジギング」と呼ばれます。

金属製のルアーに多用されてきたのは、鉛です。鉛は、例えば自動車のバッテリーに使われています。ズシリとした重さがイメージされる通り、鉛の比重は 11.4 と他の汎用されている金属（鉄 7.9、銅 8.9、アルミニウム 2.7 など）に比べても大きな値です。なお、比重は「同じ体積での質量」が水に比べて何倍であるかを示すものです。1 立方センチメートル（1ミリリットル）の水はおよそ 1 グラムであるのに対し、1 立方センチメートルの鉛はおよそ 11.4 グラムだということです。

ルアーの素材として鉛が用いられてきたのには、比重が大きいことに加えて比較的安価であることが挙げられます。また、融点が約 330℃と低いこともメリットです。

普段の生活で液体となっている金属を目にすることはあまりありませんが、金属も温度を上げていけばやがて融けて液体となります。「何度になれば融けるのか」（融点）は金属の種類によって違います。例えば鉄の融点は 1538℃ほどと高いため、鉄製のフライパンが強熱されても融けることはありません。それでも、目的の形の鉄製品を作るときにはいったん融かしてから型（鋳型）へ流し込むといったことが行なわれます。このときには、鉄は融点より高い温度まで加熱されているのです。このような方法を鋳造と言いますが、多量のエネルギーを消費することが分かります。

鉛の融点は鉄や銅（融点約 1084℃）、アルミニウム（融点約 660℃）に比べてずっと低く、加工に適していることが分かります。

鉛は、ルアーだけでなくおもりにも使われてきました。仕掛けを目的の深さまで沈めるのに、やはり比重が大きく安価な鉛が重宝されてきたのです。

ただし、近年は鉛の持つ人体や環境への有害性から鉛の使用が抑えられています。例えば、はんだ付けに使われるはんだには、従来はスズと鉛の合金が使われていました。しかし、現在は鉛を含まないものに置き換わってきています。学校で行なう理科の実験でも、鉛の使用は避けられるようになっています。

ルアーやおもりは、釣りを行なった後に無事に回収できればよいですが、環境中へ流出してしまうこともあります。例えば、海底の障害物に引っかかって失われてしまったら、回収することは不可能です。海の中に鉛が残ってしまうのです。このことが、環境に悪影響を与えると懸念されています。

そこで、鉛に代わって利用されるようになってきたのが「タングステン」という金属です。タングステンには、鉛に比べて環境に与える影響が小さいということに加え、以下に説明するメリットがあるため、ルアーやおもりに使われるようになっているのです。

まず、タングステンは鉛のように有害な金属ではありません。実際、タングステンは指輪など人が身につけるものにも使われています。

また、鉛には比重が大きいという特徴がありましたが、タングステンはそれ以上です。タングステンの比重は約 19.3 と、鉛（比重約 11.4）の 1.7 倍ほどです。

比重が大きい材質で作るほど、ルアーの水中での落下速度が大きくなります。そのことは、ルアーを真下に早く落とすのに有利です。

海中で魚を見つけるのには、魚群探知機を使います。魚群探知機の仕組みについては90ページから解説しますが、魚群探知機では船の真下にいる魚たちを見つけることができます。よって、魚群探知機で魚を見つけたならば、ルアーは真下へ早く落としたいのです。

しかし、海には潮流があるためルアーはどうしても流されながら落下することになります。これを少しでも防ぐのに、少しでも短時間で着底させたいのです。落下時間が短ければ流される時間も短くなり、結果的に真下に近い方向へ落下していくことになるのです。

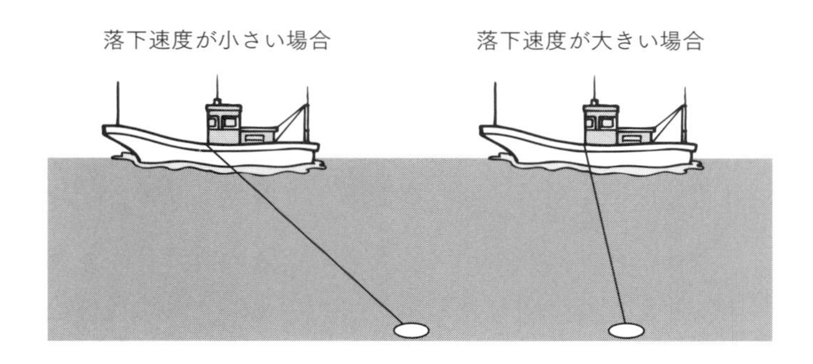

ところで、どうして比重の大きい材質で作られたルアーほど落下が速くなるのでしょうか？ 物理をもとに考えてみましょう。

何かが水中で沈んでいくのは、その物体が重力を受けているためです。空気中でも水中でも、物体は重力を受けて落下します。ただし、「抵抗力」と「浮力」の大きさに違いがあるため落下速度が異なるのです。

空気中でも水中でも、ものが動くときには抵抗力を受けます。物体が動くことで空気や水にぶつかるからです。このとき、抵抗力の大きさは空気中に比べて水中の方がずっと大きいことは、実体験からすぐに分かると思います。

また、物体が空気中、水中のいずれにあっても、浮力を受けます。浮力は、重力に逆らって物体を浮かせようとする力のことです。人が水の中で泳ぐことができるのは浮力のおかげです。空気中で受ける浮力は実感しにくいですが、確実に浮力を受けています。ヘリウムガスの入った風船が空に上がっていくのを見れば、そのことが分かります。空気中では水中に比べてずっと小さいため、浮力を実感しにくいのです。

空気中

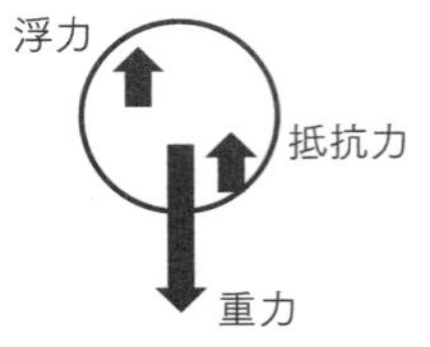

水中

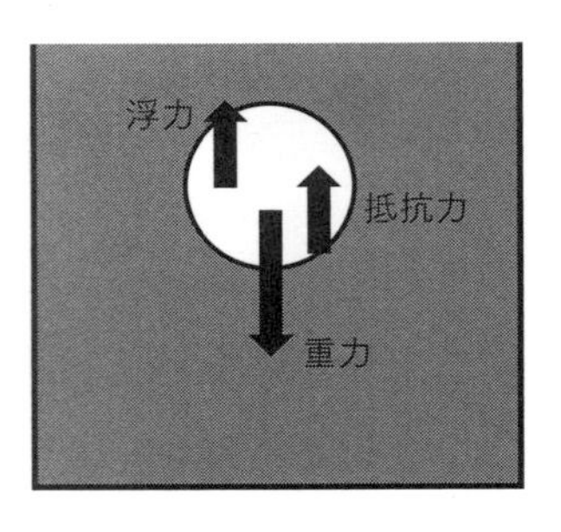

以上のように、落下する物体が受ける「抵抗力」「浮力」ともに、空気中より水中の方が大きくなります。そのため、水中では落下速度が小さくなるのです。

さて、水中であってもなるべく落下速度を大きくするには、ど

うしたらよいでしょう？ ここまで考えたことをもとにすると、

- **抵抗力や浮力を小さくする … ①**
- **重力を大きくする … ②**

という 2 つの方法があると分かると思います。

まずは、①の方法を考えてみましょう。水から受ける浮力の大きさは、その物体の水中に沈んでいる部分の体積に比例します。たくさん水に沈む方が、より大きな浮力を受けます。ということは、落下する物体の体積を小さくすれば水から受ける浮力を小さくできるのです。ただし、素材を変えずに小さくしたのでは重力も小さくなってしまいます。

そこで、比重の大きい素材が有効になります。比重が大きければ、重力の大きさを同じにするのに必要な体積が小さくて済むわけです。

体積を小さくすると、浮力だけでなく水からの抵抗力も小さくできます。同じスピードで落下しているとしても、小さいものほどぶつかる水の量が少なくなり小さな抵抗力で済むのです。

このように、①を実現するには比重の大きな素材が必要であることが分かります。比重の大きいタングステンがルアーやおもりの素材に適している理由が分かると思います。

もう 1 つの方法②についても考えてみましょう。こちらも、物体の体積を大きくすれば重力は大きくなりますが浮力や抵抗力まで大きくなってしまいます。やはり、体積を変えずに重力を大きくする必要があるのです。これについても、比重が大きければ実現できます。タングステンを使うことで、鉛よりも水中での落下速度を大きくできることが分かりましたね。

そして、ルアーやおもりの質量が大きいことには、潮流の影響を受けにくくするというメリットもあります。これについては、13 ページで説明した運動方程式から理解できます。同じ大きさの力を受けたとき、物体の質量が大きいほど速度変化は小さくなるのです。

$$m \quad a = F$$

質量が大きいほど ⇒ 加速度は小さくなる　　共通だとすると

ルアーの質量を大きくするためにルアーを大きくしすぎると、ターゲットとする魚によっては食いつきが悪くなってしまうことがあります。コンパクトなサイズを保ちながら質量を大きくするのに、やはり比重の大きいタングステンが適しているのです。

潮流の影響を受けにくくなることで、先ほど述べたように船の真下に向かってルアーを素早く落下させることが可能になるのです。

さらに、タングステンには鉛に比べて硬いという特徴もあります。鉛製のルアーは、食いついた魚（マグロやブリ）が暴れることで曲がってしまうことがあります。タングステンならそのようなことを防ぐことができます。

また、ルアーが硬い素材でできているほど、海底に着いたときの衝撃が大きくなり手元へ伝わりやすくなります（それでも海底が砂や泥でできている場合は分かりにくいですが、岩礁でできているときには衝撃を感じやすくなります)。

以上、タングステン製ルアーの特徴について紹介してきました。

タングステンは、最近は減ってしまいましたが電球のフィラメントや放電ランプの電極に利用されているものです。それは、タングステンの融点が3400℃以上と金属の中で最高だからです。

フィラメントに電流を流すと高温になり、発光します。これが電球が光る仕組みです。このとき、フィラメントの温度は2000～3000℃ほどに上がります。それでも融けないためには、融点がそれ以上に高い必要があります。タングステンはその条件を満たしているのです。ただし、もしもタングステンが酸素と結びついて酸化タングステンになると、融点は約1500℃に下がってしまいます。これでは融けてしまい、フィラメントの一部が細くなってしまいます。細くなった部分は電気抵抗が大きくなり、電流が流れたときその部分だけ発熱量が多くなってしまいます。すると、その部分が高温になりさらに細くなります。そして、フィラメントが切れてしまうことになるのです。

このようなことを防ぐために、電球にはアルゴンガスや窒素ガスが封入されています。これらは酸素のようにタングステンと結びつくことはないため、タングステンが酸化タングステンになって切れてしまうといったことを防げるのです。

ちょっと寄り道してしまいましたが、タングステンの「融点が高い」という特徴が分かったと思います。これは、融点の低い鉛とは対照的です。鉛の融点の低さは加工に有利であると説明しましたが、タングステンは逆なわけです。鋳造には向かず、硬いため切削加工も簡単ではないのです。

タングステン製のルアーは、「焼結」という方法を利用して作られています。「焼結」とは、金属の粉末を加熱して焼き固めることです。加熱温度は金属の融点より低くてよいため、金属を融点以上に加熱して行なう鋳造より使用エネルギーが少なくて済むという利点があります。

焼結タングステンは、タングステンの粉末とつなぎになる粉末から作られます。これらを混ぜてから型へ入れて圧縮し、焼結を行なうのです。

融点が非常に高いタングステンですが、このような方法によって利用されています。融点まで温度を上げなくてよいとはいえ、コストがかかることが分かります。

そして、そもそもタングステンは希少な金属であり「レアメタル」と呼ばれるものです。そのため、タングステン製のルアーは鉛製のものに比べて高価である、というデメリットもあるのです。

なお、タングステンと同程度に比重の大きい金属には金（比重約 19.3)、白金（比重約 21.5）などもありますが、いずれもタングステン以上に高価であり、代替するのは困難です。

タングステンが、ルアーの選択肢を広げてくれていることが分かります。もちろん、タングステンがベストとは限りません。タングステン製のルアーは速く落下することを紹介しましたが、逆にゆっくり落下することがメリットになることもよくあります。魚は、落下中のルアーに食いつくことが多くあります。その場合、ゆっくり落下するルアーが食いつかれる可能性が高まります。これは、「弱った魚（餌）」と認識されているからかもしれません。そういう意味で、ルアーの落下速度に正解はないと言えるでしょう。というより、そもそも釣りの方法には正解がないのかもしれません（だからこそ、ビギナーズラックがよく起こります）。そこに、釣りの醍醐味があると言えます。

Angler's Eye

ルアー選びの楽しみ

ルアーの素材にはさまざまな種類があることをご紹介しました。では、最終的にどのルアーを使うのがベストなのでしょうか？

例えば、マグロが好む餌の一つに、全長約20センチメートルのイワシがあります。そのため、イワシに似せたこのサイズのルアーを使ってマグロを狙うことがよくあります。このように、まずはターゲットの魚がそのルアーを餌として認識し、捕食してくれるかどうかを考える必要があります。

しかし、どんなに自信を持って投げたルアーでも、魚が全く反応しないことがあります。それは、魚がその時、全く異なるサイズの餌を捕食している場合です。例えば、シラスのような小さな魚を食べているときには、選んだルアーが大きすぎるのです。ルアー選びでは、ターゲットが何を捕食しているかを知ることが重要です。

さらに、ターゲットに合ったルアーを持っていなかったり、使用しているタックル（ロッドやリール、ラインなど）とのバランスが悪くて使えなかったりすることもあります。したがって、ルアーを選ぶ際には、魚が獲物として狙ってくれるかだけでなく、ルアーの投げやすさ（ロッドやリール、ラインとの相性）や浮き沈み（フックとのバランスやルアーの操作性）など、多くの要素を考慮する必要があります。

最終的には、タックル選びもルアー選びもその人の「好み」によるかもしれません。こうした「好み」や「こだわり」の組み合わせで釣果が変わることが、釣り具の奥深さと言えるでしょう。

QUALITY TACKLE

4

ウキ釣りの魅力とは？

釣りにはいろいろな方法があります。釣りを行なう場所、狙う魚の種類に合わせて適した方法は違います。そして、釣りのやり方によって味わえる楽しみも大きく変わります。

今回はその中の１つ、「ウキ釣り」について考えてみます。ウキ釣りは、釣り竿の先端に次のようなものをつけて行なう方法です。

（例）

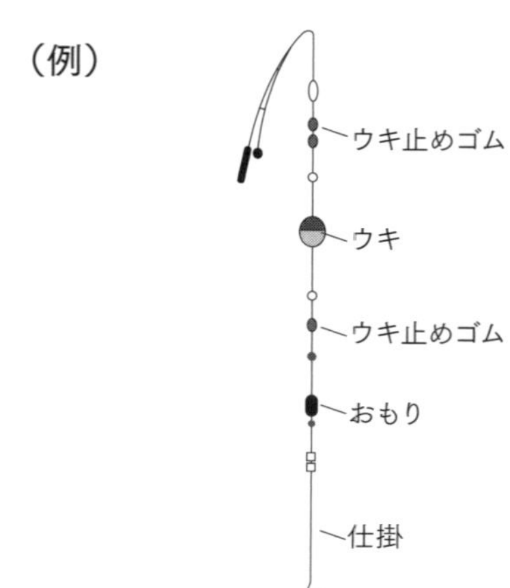

このようにして水中へ投入するとウキが水面上に浮き、ウキから仕掛けまでの長さを調節することで仕掛けを水中の狙った深さに安定させられます。どうしてそのようなことが可能なのか、そしてそのようにすることにどのようなメリットがあるのか、物理をもとに考えてみたいと思います。

まずは、ウキが浮く仕組みです。これはもちろん、水から受ける浮力によります。

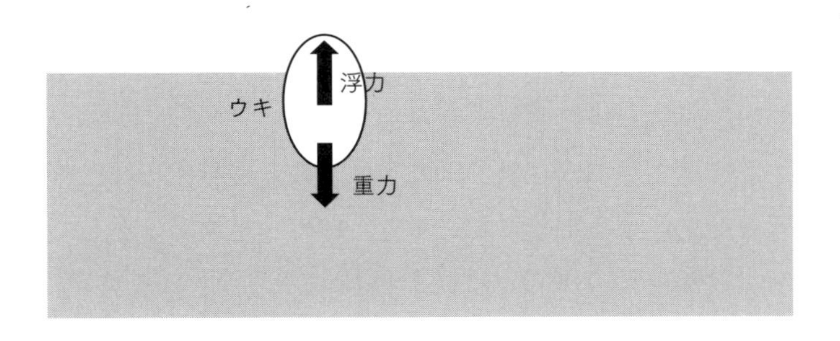

ここで、ウキが受ける浮力の大きさは「ウキが押しのけた部分にあった水の重さ」と等しくなります。

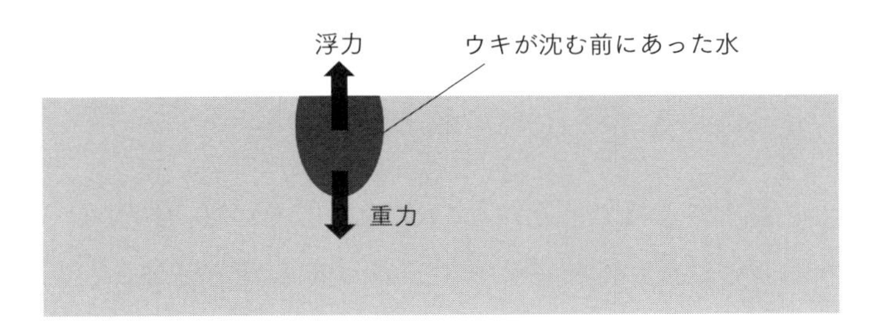

ウキが沈む前、この部分にあった水にはたらく重力と、この部分にあった水が周りの水から受ける浮力とがつりあっていたはずです。そして、この部分がウキに置き換わっても浮力の大きさは変わりません。以上のことからウキが受ける浮力の大きさを知ることができます。

さて、このことはウキは自分より小さな体積の水にはたらく重力分しか浮力を受けないことを示しています。これがウキの重力とつりあうのですから、ウキは水より密度が小さい必要があると分かります。

もちろん、釣りで使うウキは単独で浮遊するわけではありません。下に仕掛けがつけられています。このとき、仕掛けは軽いので位置を安定させるためにおもりも一緒につけます。そして、おもりをつけるためウキの水に沈む体積は増えます。その理由は、ウキは「押しのけた部分にあった水の重さ」と等しい大きさの浮力を受けるためと理解できます。ウキがより深く水に沈むことで、浮力が増すのです。

ウキの内部が空洞になっているのは、水よりもずっと密度を小さくするためです。重力は小さく浮力を大きくできるのです。これによって、おもりをつけても浮いていられるようになるのです。

ウキの基本的なはたらきについて確認しました。しかし、ウキのはたらきは仕掛けを水中の一定の深さに安定させることだけではありません。ウキは、釣りにおいてとても多くの役割を果たしてくれます。

まずは、餌に魚が食いついたことを知らせてくれることが挙げられます。仕掛けは水中に沈んでおり、魚が食いついたかどうか直接確認するのは簡単ではありません。しかし、水面に浮いているウキの動きは直接確認することができます。魚が食いつくと、ウキが沈むのを目で見て確かめられます。

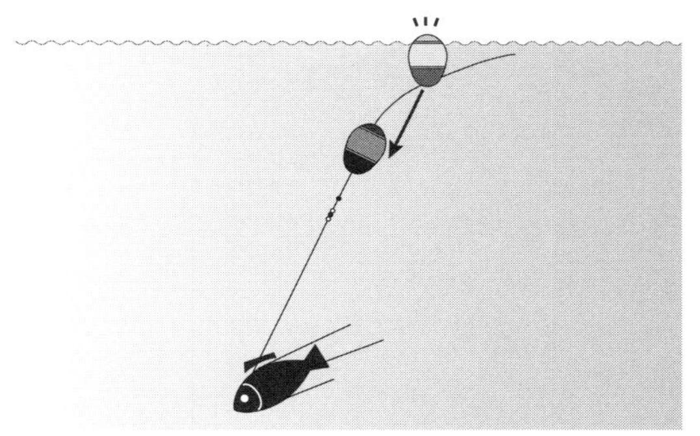
ⓒウキ釣り超入門　より改変し作成

次に、潮に乗って流されるウキの特徴が役立ちます。ウキの動きを見ることで、潮の流れを知ることができます。

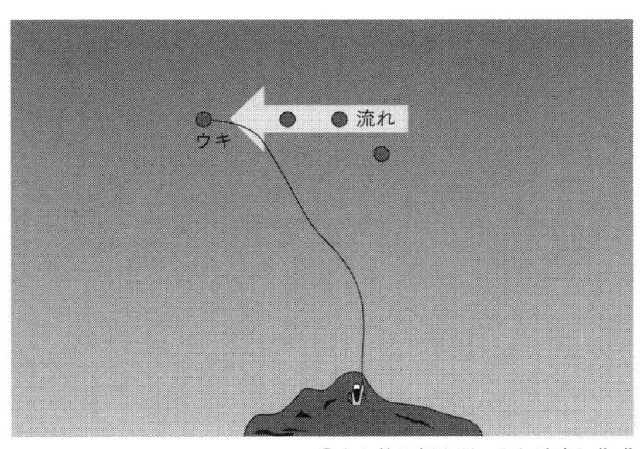

ⓒウキ釣り超入門　より改変し作成

そして、潮の流れを利用すれば仕掛けを目的の場所まで移動させることもできるのです。

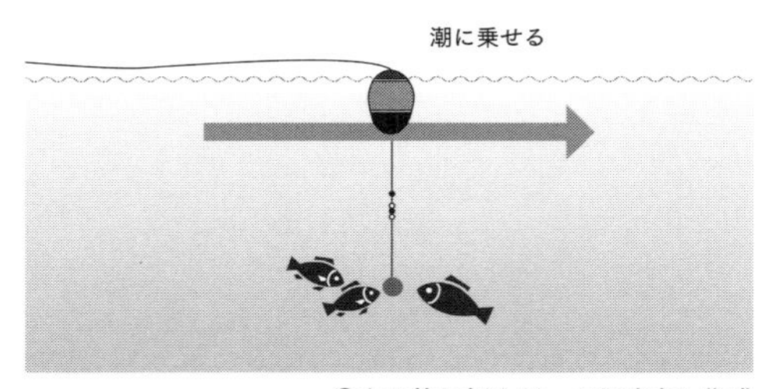

©ウキ釣り超入門　より改変し作成

ウキは、密度が小さくなっているため軽くなっています。そのため、潮に流されやすいのです。

さらに、もしも餌が取れてしまったときにはウキがそのことを知らせてくれます。餌がなくなるとウキが水中に向かって引っ張られる力が減るため、ウキの水面から飛び出す部分が増えるのです。

また、仕掛けが底に着いたり何かにぶつかったりしたら、ウキが傾くので気づくことができます。

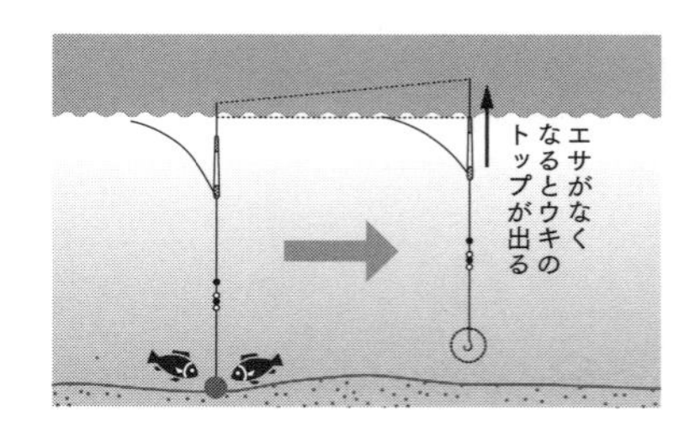

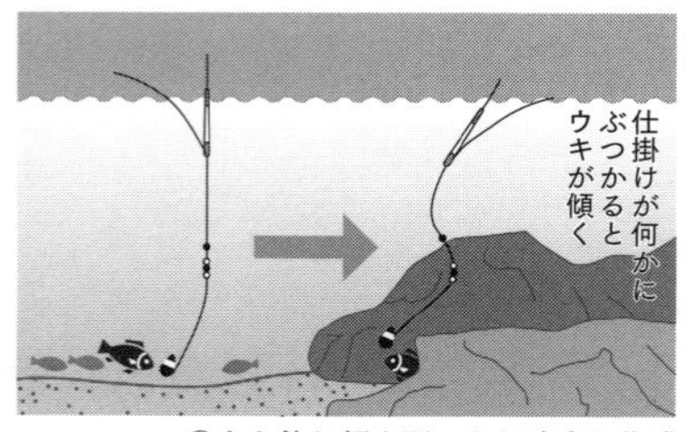

©ウキ釣り超入門　より改変し作成

ただし、これらは棒状のウキでないと気づきにくいでしょう（棒状ウキについては、次節でとり上げます）。

最後に、ウキをつけることで仕掛けを遠方に飛ばしやすくなることも挙げられます。これは、釣り竿の先端部分全体の質量が大きくなるためです。

13 ページで説明した運動方程式から、質量の大きいものほど同じ大きさの力を受けたときの速度の変化が小さくなることが分かります。仕掛けは、投げ出したときには勢いよく（大きな速度で）飛び出します。しかし、空気抵抗を受けるために減速してしまいます。このとき、質量が大きいほど減速の度合いが小さくなるのです。よって、ウキの質量を大きくするほど遠くへ飛ばしやすくなります。

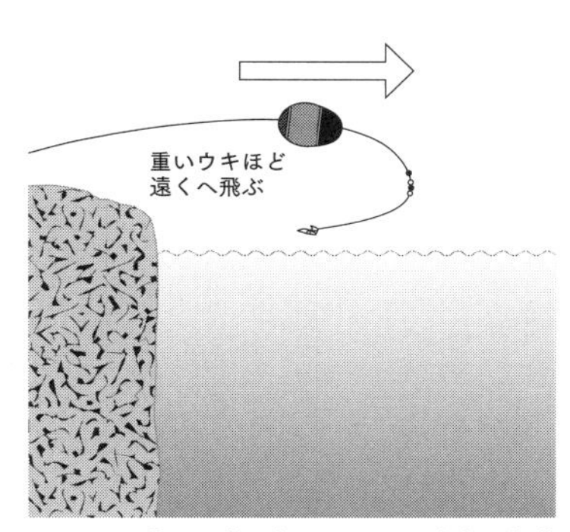

ⓒウキ釣り超入門　より改変し作成

5

棒状ウキと円錐ウキの違いとは？

ウキには、いろいろな種類があります。その中でも、棒状ウキと円錐ウキが使われる頻度は高いでしょう。両者にはどのような違いがあるのでしょう？　今回は、特徴的な形をしている棒状ウキについて詳しく考えてみたいと思います。

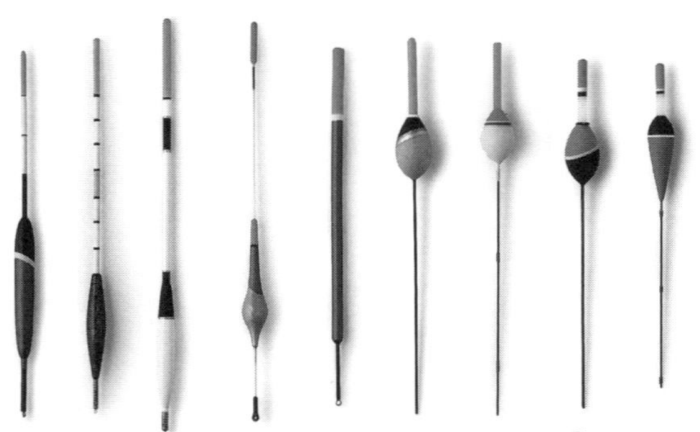

© Gresei - stock.adobe.com

釣りにおけるウキの役割については、前節で一通り紹介しました。その中の多くに、視認性が関わっています。ウキは、魚の食いつきや潮の流れ、餌の脱落などを目で見て分かるようにしてくれます。だからこそ、ウキには「見えやすい」ことが求められます。

この点において、棒状ウキは優れています。細長い形状をしているため水面から出ている部分が長くなり、釣り人からよく見えるのです。特に、餌が取れてしまったときにはウキが高く浮き上がりますが、円錐ウキでは分かりにくいこともあります。その点、棒状ウキなら水面から出ている部分の長さが変わることがよく分かるのです。また、仕掛けが底に着いたり何かにぶつかったりするとウキが傾きますが、円錐ウキでは傾いたことがよく分かりません。細長い棒状ウキだと傾いたことがよく分かります。

以上のように、視認性の高さこそが棒状ウキの大きなメリットと言えるでしょう。ただし、足元や磯際をポイントとして釣りを行なう場合には、円錐ウキの方が見やすくなることも多くあります。断面が広い円錐ウキの方が、上方からは見やすくなるのです。棒状ウキの方が見えやすくなるのは、ある程度離れたポイントを狙うときと言えます。

それでは、棒状ウキより円錐ウキの方が優れている点はないのでしょうか？　もちろん、円錐ウキにも優れている点があります。円錐ウキは、投げ出された後の姿勢が安定しやすくなります。細長い棒状ウキは簡単に向きを変えてしまい、安定しません。そのため、飛距離を伸ばすのが簡単ではないのです。

そして、着水した後にも円錐ウキは安定します。これは、ウキが水中で浮遊している様子を思い浮かべればすぐに分かるでしょう。細長い棒状ウキは、いまにも倒れてしまいそうに思えます。

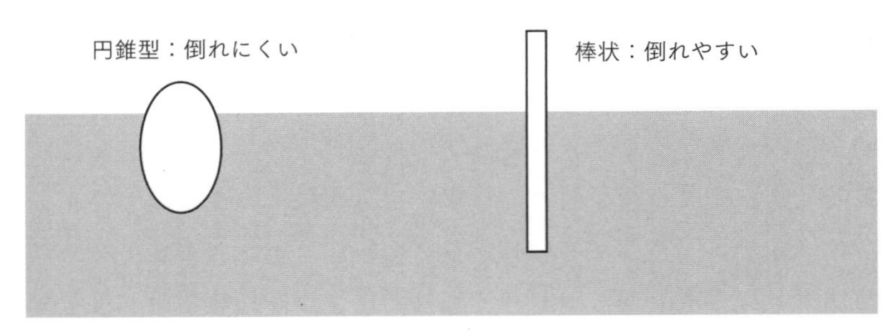

実際、細長い形状をしたものを鉛直に立てて水中に浮かせるのは困難です。例えばわりばしを使えば、その難しさがすぐに分かります。

以上のように、棒状ウキと円錐ウキには特徴の違いがあります。さて、この節では棒状ウキに焦点を当てています（円錐ウキは次節）。そこで、棒状ウキでは倒れやすいというデメリットをどのように克服しているのか紹介したいと思います。

棒状ウキには、自立式のものと非自立式のものとがあります。ウキだけを浮かべても鉛直な姿勢を保てるのが自立式、仕掛けをつけることで鉛直な姿勢を保てるのが非自立式です。まずは、自立式の棒状ウキの仕組みから見ていきましょう。この中には、鉛がおもりとして内蔵されています。このとき、おもりは棒状ウキを立てたときの下側に位置するよう内蔵されていることがポイントです。

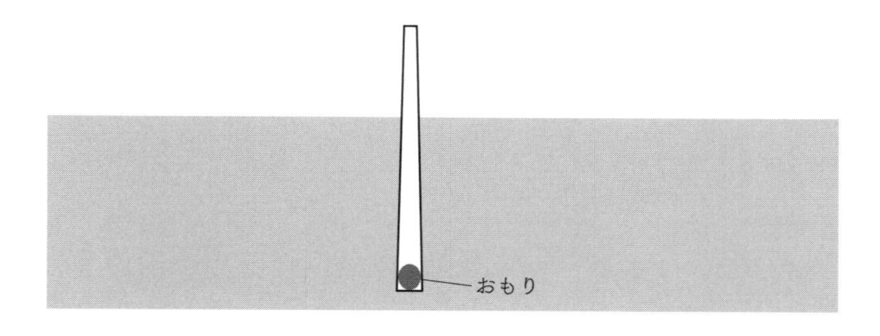

どうして、このような位置におもりを入れると姿勢が安定するのでしょうか？ 棒状ウキにはたらく力を考えることで、その理由が見えてきます。

棒状ウキには、重力がはたらきます。それでも浮いていられるのは、水から浮力を受けるからです。両者がつりあって安定しています。それでは、それぞれの力は棒状ウキのどの位置にはたらいているのでしょう？

まずは重力です。重力は実際には棒状ウキ全体に分散してはたらきます。ただし、それをそのまま考えるのでは不便です。そこで、重力を1つにまとめて考えます。このとき、重力は棒状ウキの「重心」にはたらくと考えます（16ページ参照）。

おもりを入れていなければ、重心はおよそ棒状ウキの中心にあるでしょう。ここへおもりを入れると、重心はおもり側へ移動します。おもりの重量が大きいほど重心はおもりに近くなります。

次に浮力です。こちらは棒状ウキの水に沈んでいる部分だけが受けます。実際には浮力は水に沈んでいる部分全体に分散していますが、1つにまとめると水に沈んでいる部分の中心にはたらくと考えることができます。

以上のことをまとめると、重力と浮力は次のような位置にはたらいていると分かります。

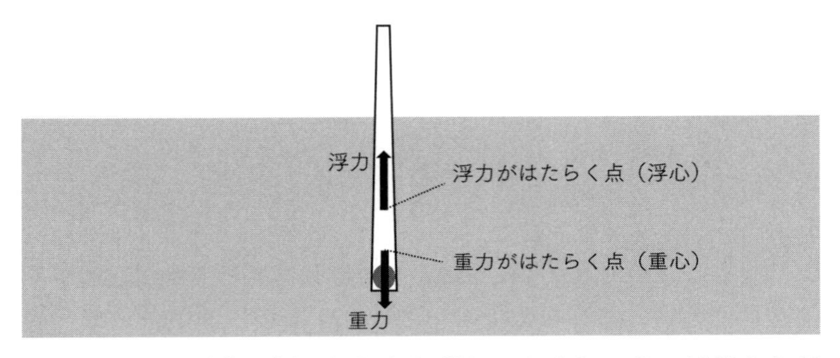

さて、これが少し傾いたときを考えてみましょう。棒状ウキが傾いたとき、重力と浮力は次のようにはたらきます。

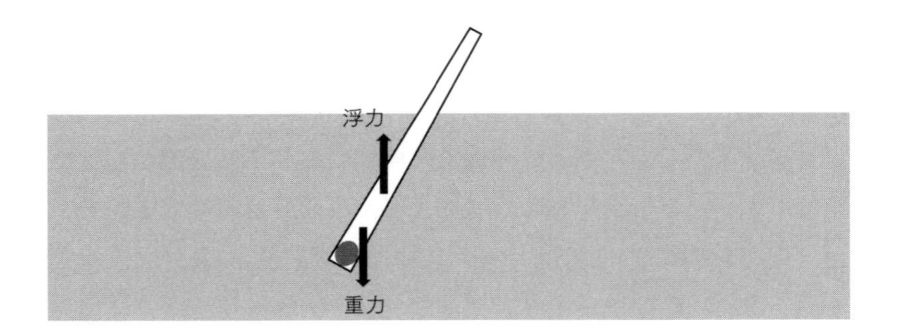

上図の2つの力は、ハンドルを回すときの力に似ていることに気づくでしょうか？ このように2つの力がはたらくと、棒状ウキは反時計回りに回転させられます。つまり、鉛直な姿勢に戻されるのです。

このことは、おもりを入れたからこそ可能になります。おもりがなければ、重力と浮力は次のようにはたらきます。

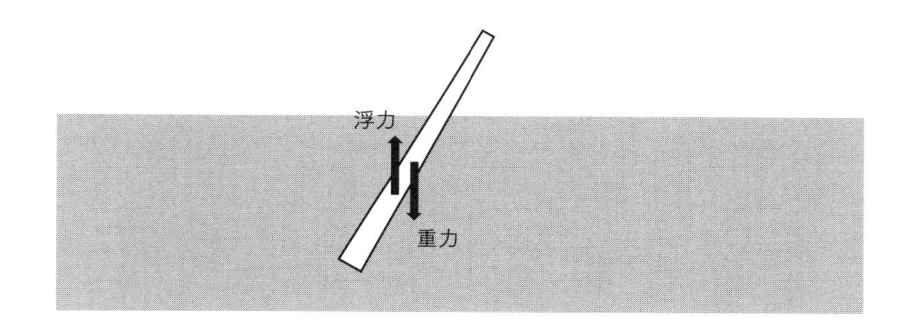

　これだと、２つの力は棒状ウキを時計回りに回転させてしまいます。つまり、棒状ウキは倒れてしまうのです。

　おもりを入れていない場合、このように棒状ウキがわずかに傾いただけで転倒させるはたらきが生まれてしまうのです。おもりを入れないと鉛直に立てるのが困難な理由は、ここにあります。

　余談ですが、自立式の棒状ウキの仕組みは現在実用化が進められている浮体式洋上風力発電にも応用されています。風が強く吹き騒音も問題になりにくい海上は、風力発電の適地です。ただし、海が深いと非常に長い風力発電機の支柱が必要となってしまいます。そこで、海上に風力発電機を浮かばせて運用するのです。遠浅の海が少ない日本でも、今後の普及が期待されています。

　このとき、風力発電機の重心が低くなるようにして、倒れないようにしています。

今度は、非自立式の棒状ウキについて考えてみましょう。これは、仕掛け（おもり）をつけることで鉛直な姿勢を保てるものです。

おもりを吊るすことで、棒状ウキはおもりを吊るした糸から引っ張られるようになります。つまり、重力、浮力、糸から引かれる力の3つの力を受けるようになるということです。

よって、棒状ウキが少し傾いたときには次のように力がはたらきます。

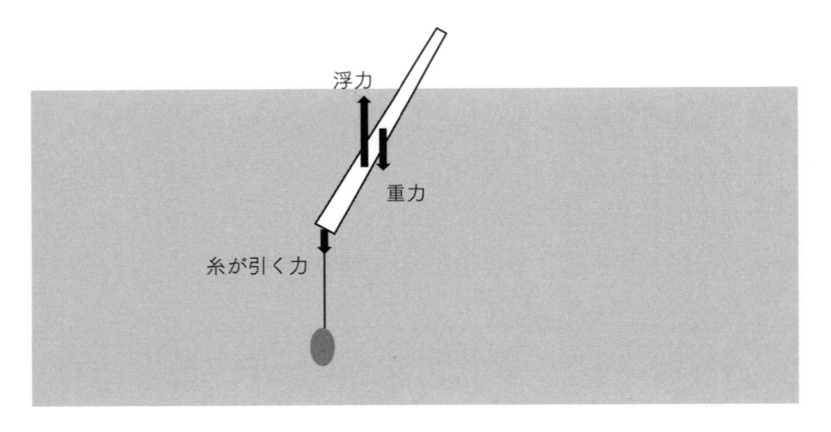

非自立式の棒状ウキ自体にはおもりは入っていないため、重力は棒状ウキのおよそ中心にはたらくと考えられます。

このとき、例えば浮力がはたらく点（浮心）を回転軸として考えてみましょう。重力は棒状ウキを時計回りに、糸が引く力は反時計回りに回そうとします。それぞれの力が棒状ウキを回転させようとするはたらき（「力のモーメント」と言います）は、力の大きさと回転軸から力の作用線までの距離をかけて求められます。

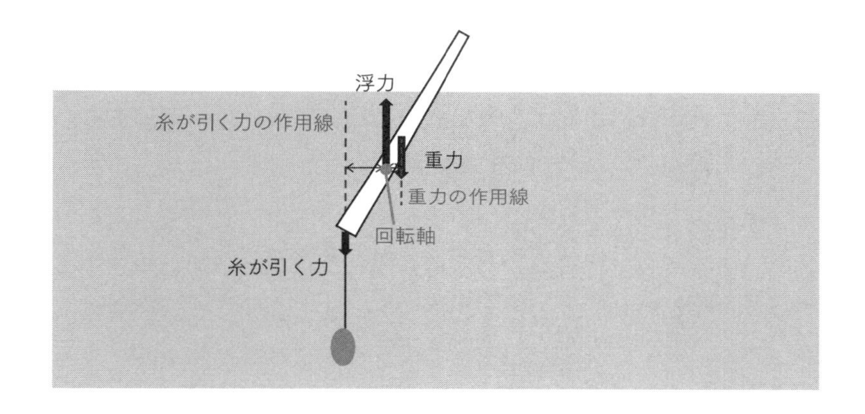

重量の大きいおもりを吊るすほど糸が引く力は大きくなり、棒状ウキの姿勢が安定することが分かるでしょう。おもりに棒状ウキを倒れないようにするはたらきがあることが分かります。

ただし、浮力が糸が引く力を支えられなければ、棒状ウキは沈んでしまいます。おもりの重量は、あくまでも棒状ウキが沈まない範囲に抑えなければなりません。バランスが重要だと分かります。

棒状ウキが姿勢を保つ秘密を考えてきました。最後に、棒状ウキが風から受ける影響について考えてみます。円錐ウキに比べて棒状ウキは、風の力を強く受けます。これは、棒状ウキのデメリットの１つと言えます。

風の力は、棒状ウキを倒すように作用します。例えば、自立式のもので考えると次のようになります。

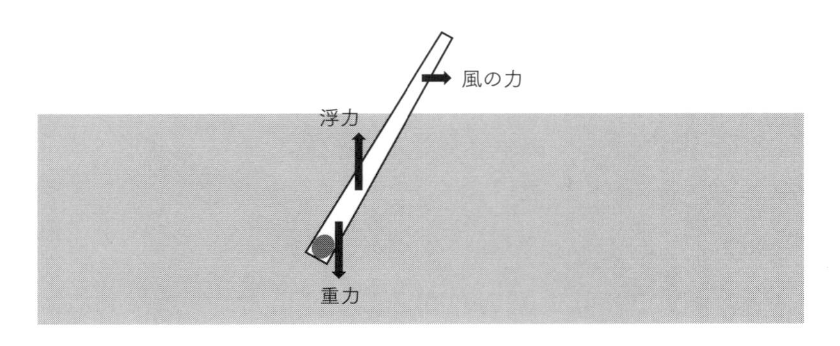

この場合には、浮力がはたらく点（浮心）を回転軸と考えると風の力のモーメント（時計回りに回転させようとするはたらき）と重力のモーメント（反時計回りに回転させようとするはたらき）のバランスによって、姿勢が安定するかどうかが決まります。棒状ウキを安定させるには、ある程度重量のあるおもりを入れておく必要があると分かりますね。ただし、この場合ももちろん沈まない範囲の重量にしなければなりません。

多くのメリットがある棒状ウキですが、姿勢を安定させるためにさまざまな工夫がなされていることが分かりますね。

6

ウキは小さい方がよい？大きい方がよい？

前節では特に棒状ウキについて考えました。今度は円錐ウキについて考えてみましょう。 円錐ウキには、上方からの視認性に優れていることに加え、投げ出された後に姿勢が安定して遠くまで飛びやすくなる、着水した後に姿勢が安定しやすいといった特長がありました。そこで、遠方へ飛ばすときと、水中に浮遊した後の様子を考えてみましょう。そして、状況に応じてどのようなサイズの円錐ウキを使うのがよさそうか、考えてみたいと思います。円錐ウキにはいろいろなサイズがあります。サイズの選び方は、釣りの成果を左右するとも言われる重要なものです。

43 ページで説明した通り、ウキが浮いていられるのは水から浮力を受けるためです。ウキの中で浮力を受けるのは水に沈んだ部分だけであり、たくさん水に沈むほど浮力は大きくなります。ウキ全体が水に沈んだときに浮力は最大となり、浮力をこれより大きくすることはできません。

よって、生み出せる浮力の大きさはウキの大きさによって決まることが分かります。大きいウキを使うほど、大きな浮力を生み出すことが可能になるのです。

このことから、重量のあるおもりを吊るすときには大きなウキを選ぶ必要があると分かります。深いタナ（魚が餌を取ったり遊泳したりする層）にいる魚を狙う場合が、これに相当するでしょう。

おもりが軽いと、水中で潮の流れの影響を受けやすくなります。このことは、たびたび登場する運動方程式によって理解できます（13ページ参照）。同じ大きさの力を受けたとき、質量が小さいほど速度が大きく変化するのです。このため、流れが強いところでは軽いおもりは沈みにくくなり、深いタナを狙うのが難しくなってしまうのです。

ただし、潮に流されるおもりの動きが実際の魚（餌）の動きに見えることがあり、釣りに有利になることもあります。そのため、浅いタナを狙うときには軽いおもりがよいと言われます。

以上のことから、深いタナを狙うときには重いおもり、そして大きなウキを使うのが適していると分かります。そして、浅いタナを狙うときには軽いおもりがよさそうなことも分かりました。では、そのときのウキの大きさはどうしたらよいでしょう？ ウキが大きくても水中へ沈む部分が少なければ浮力は小さくなるため、軽いおもりを支えるのに大きなウキを使っても問題なさそうです。

もちろんこれは可能なのですが、実際には浅いタナを狙うときには小さなウキが選ばれます。それは、小さなウキの方が感度がよいからです。魚が食いついたときに、小さなウキの方が大きく動いて見えるのです。

この理由の１つは、小さなウキは質量が小さいため、同じ大きさの力を受けたとき、より大きく動くからです。もう１つは、同じ大きさだけ浮力を変えるのに小さなウキほど上下動が大きくなるからです。

小さなウキほど、次の図に示す面積（断面積）が小さくなります。

このため、大きなウキは少し上下動しただけで、水中に沈む部分の体積が大きく変わります。つまり、必要な大きさだけ浮力を調節するのに必要な上下動の幅が小さくて済むのです。小さなウキの場合はこれと逆で、大きく上下動する必要があります。このため、魚が食いついたときには小さなウキの方が動きを感知しやすくなるのです。

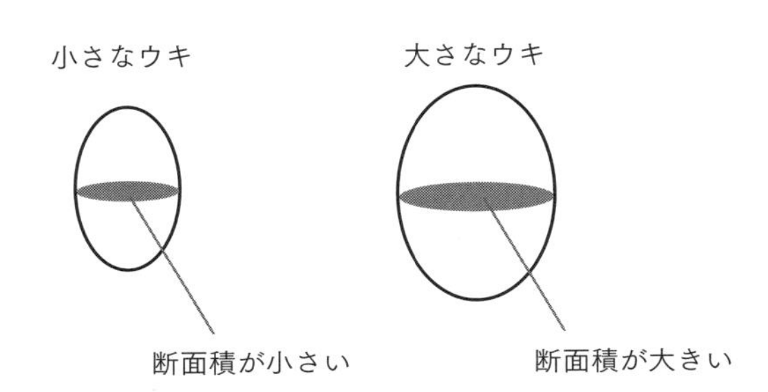

ここまで分かったことを整理すると、

大きなウキ：深いタナを狙うのに有利（重いおもりとの組み合わせ）

　小さなウキ：感度がよくなる

となります。

　ウキの大きさによる特徴の違いは、他にもあります。例えば、流されやすさです。海の表層で流れが生じているとき、ウキはその影響を受けて流されてしまいます。そして、目的の場所からずれていってしまうかもしれません。このとき、大きなウキほど（質量が大きいため）流されにくくなるのです。

　さらに、最初に仕掛けを投げ出したとき、大きなウキを使う方がよく飛ぶのでした（これは、ウキが大きい（質量が大きい）方が風や空気抵抗の影響を受けにくいためです（47ページ参照））。

　このように、大きなウキにはいろいろなメリットがあります。それでも、魚の食いつきを感知するのがウキの大きな役割であることから、感度の高い小さなウキを選ぶメリットも捨てられません。

　ウキは、釣りを行なう人の経験値、そのときに狙う魚などさまざまな要素を加味して選ぶ必要がありそうです。

7

ロッドにはパイプと無垢棒のどちらが向いている？

今回は、釣りに欠かすことのできない道具であるロッド（釣り竿）について考えます。

ここでは、特にロッドの「中心に空洞が作られている」という特徴について考えてみたいと思います。ロッドには中に空洞があるもの（パイプ）と空洞がなく中身が詰まっているもの（無垢棒）とがありますが、多くのロッドはパイプでできています。

さて、これを見て「中が空洞になっていたら強度が落ちてしまうのではないか？」と思われる方も多いのではないでしょうか。たしかに、ロッドには強度が必要です。釣りの最中に折れ曲がってしまっては大変です。

では、パイプと無垢棒では強度にどのくらいの差があるのでしょう？ 同じ太さのパイプと無垢棒で、「曲げに対する抵抗力」を比べてみましょう。

大きな魚がかかったとき、ロッドには大きな力がかかります。この力には、ロッドを曲げようとするはたらきがあります。それに耐えなければならないロッドには、曲げに対する抵抗力が必要です。

曲げに対する強度は、ロッドの素材と形状によって変わります。

ロッドの素材にはカーボン（炭素繊維）、グラス（ガラス繊維）などが使われています。これらは強度が高く、かつ軽い素材であるためロッドに用いられています。

炭素繊維（カーボンファイバー）

ガラス繊維（グラスファイバー）

なお、「カーボンロッド」と表示できるのは、炭素繊維の含有率（体積比）が 50% 以上のものです。初期のカーボンロッドはたいへん高価でしたが、近年は低価格なものも増えています。

そして、形状です。先ほど述べた通り、太さが同じパイプと無垢棒の曲げに対する抵抗力を比べてみましょう。

棒状の物体の曲げに対する抵抗力の大きさは、「断面二次モーメント」と呼ばれる値によって示されます。この値は、断面の形状や大きさによって変わります。

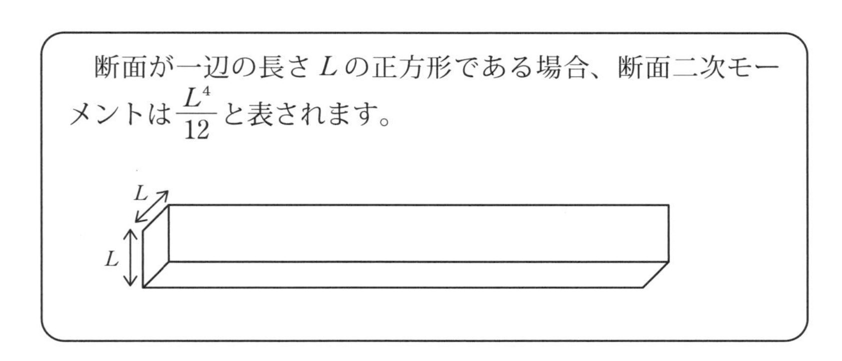

断面が一辺の長さ L の正方形である場合、断面二次モーメントは $\dfrac{L^4}{12}$ と表されます。

これは、例えば棒の太さ（断面の正方形の一辺の長さ L）が 2 倍になれば、曲げに対する抵抗力は $2^4 = 16$ 倍になることを示しています。このとき断面の面積は $2^2 = 4$ 倍にしかなっていませんから、棒の重量も 4 倍にしかなっていません。棒を太くするとき、重量が大きくなる以上に曲げに対する強度が大きくなることが分かります。

それでは、断面が円形であるロッドの場合はどうでしょう？ 断面が円形だと、正方形の場合とは断面二次モーメントの値が変わります。

断面が直径 d の円形である場合、断面二次モーメントは $\frac{\pi d^4}{64}$ と表されます（π は円周率です）。

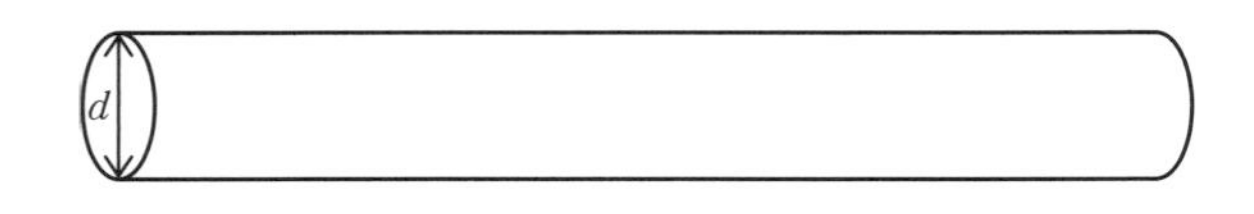

ここから、断面が円形の棒でも太さ（円の直径 d）が 2 倍になれば、曲げに対する抵抗力は $2^4 = 16$ 倍になることが分かります。断面が円形の場合も直径が 2 倍になれば断面積は $2^2 = 4$ 倍で、棒の重量も 4 倍にしかなりません。それに対して、曲げに対する抵抗力は 16 倍にもなるのです。やはり、太くすると重量が増す以上に曲げに対して強くなることが分かります。

断面二次モーメントは、ロッドの曲げに対する抵抗力の大きさの指標となります。さて、ロッドが空洞のない無垢棒でできている場合には、断面の直径 d を用いて断面二次モーメントは $\frac{\pi d^4}{64}$ となります。しかし、空洞のあるパイプの場合は違います。空洞がある分だけ、断面二次モーメントは小さくなります。

パイプの断面二次モーメントは、空洞がない場合の値から空洞部分の値を引いて求められます。例えば内径（内側の円の直径）が d_1、外径（外側の円の直径）が d_2 のパイプの場合、断面二次モーメントは次のように求められます。

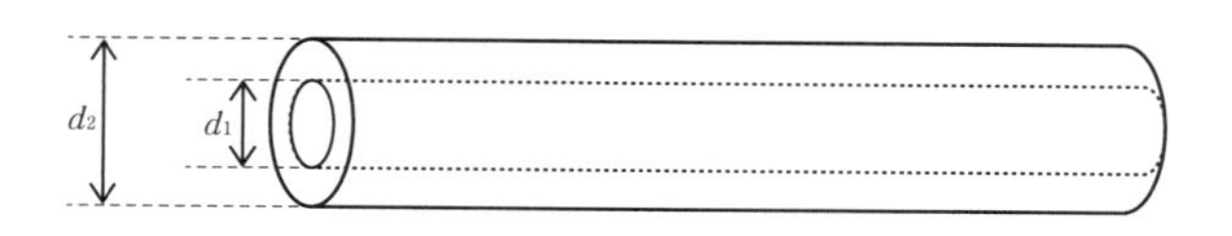

$$\text{断面二次モーメント} = \frac{\pi {d_2}^4}{64} - \frac{\pi {d_1}^4}{64}$$

もしも $d_1 = \frac{d_2}{2}$ だとすると、断面二次モーメントは

$$\frac{\pi {d_2}^4}{64} - \frac{\pi \left(\frac{d_2}{2}\right)^4}{64} = \frac{\pi {d_2}^4}{64} \times \frac{15}{16}$$

となります。

つまり、外径の半分の径の空洞ができるとき、曲げに対する強度は $\frac{15}{16}$ 倍になるということです。

このとき、断面積は

$$\pi\left(\frac{d_2}{2}\right)^2 - \pi\left(\frac{d_1}{2}\right)^2 = \pi\left(\frac{d_2}{2}\right)^2 \times \frac{3}{4}$$

と、$\frac{3}{4}$ 倍になります。よって、棒の重量も $\frac{3}{4}$ 倍になるのです。

結局、空洞を作ることで棒の重量は $\frac{3}{4}$ 倍（$=\frac{12}{16}$倍）にできるけれども、曲げに対する抵抗力は $\frac{15}{16}$ 倍にしか落ちないということです。ロッドに空洞を作ることには、曲げに対する強度をあまり落とさずに軽くできるという効果があることが分かります。

ロッドにパイプが多く使われるのには、このような意味があるのですね。パイプにすることで、曲げに対する強度はあまり損なわず、ロッドを軽くできるのです。

以上のことは、より正確には次のように考察できます。

無垢棒（直径 d）とパイプ（内径 d_1 、外径 d_2）の断面積が等しい場合、　$\pi d^2 = \pi(d_2{}^2 - d_1{}^2)$　…　※

であり、このとき

$$\text{無垢棒の断面二次モーメント} = \frac{\pi d^4}{64}$$

$$\text{パイプの断面二次モーメント} = \frac{\pi(d_2{}^4 - d_1{}^4)}{64}$$

です。ここで、パイプの断面二次モーメントは

$$\frac{\pi(d_2{}^4 - d_1{}^4)}{64} = \frac{\pi(d_2{}^2 + d_1{}^2)(d_2{}^2 - d_1{}^2)}{64}$$

と変形できますが、※式から $d_2{}^2 - d_1{}^2 = d^2$ であることと、$d_2{}^2 + d_1{}^2 > d_2{}^2 - d_1{}^2 = d^2$ であることから

$$\text{パイプの断面二次モーメント} = \frac{\pi(d_2{}^2 + d_1{}^2)d^2}{64} > \frac{\pi d^4}{64}$$

すなわち、断面積が等しければ無垢棒よりパイプの方が断面二次モーメント（曲げに対する抵抗力）が大きいことが確かめられます。

ところで、竹林が豊富にある日本では古くから釣りには竹竿が使われてきました。竹の中には空洞があります。そして、竹の繊維は内側より外側の方が密になっていることも分かっています。そのため、竹は軽いけれども曲げに対する強度を十分に持っているのです。日本人は、釣り竿に最適な素材を選んでいたことが分かります。

なお、今回の話はロッド（釣り竿）だけではなく、例えばマグロなどを突き刺すのに使う銛（もり）の棒状部分にも当てはまります。

引き寄せた大きな魚を逃がさないためには、銛を深く突き刺す必要があります。このとき、銛をなるべく高スピードで突き刺さなければなりません（同じスピードであれば重量が大きい銛の方が深く突き刺さりますが、重量よりスピードを上げる方が効果が高くなります。このことについては次節「銛は重い方がよい？　軽い方がよい？」で詳しく説明します）。

高スピードで突き刺すには、銛が軽い方がよいでしょう。ただし、暴れる魚に突き刺すわけですから強度も必要です。銛の棒状部分をパイプにすることで、軽さと強度を両立しているのだと分かります。

8

銛は重い方がよい？軽い方がよい？

魚を獲る方法はいろいろありますが、その中に「突き刺す」方法があります。

海や川へ潜って比較的小さな魚介類を突き刺すときには、「簎（やす）」と呼ばれる道具を使用することが多いでしょう。潜水しながら手で持って操作できるよう、簎の重量はそれほど大きくなっていません。

Ⓒ serikbaib - stock.adobe.com

魚突きを行なうのには、銛が使われることもあります。銛は簎よりも大型のものが多く、簎と銛には次のような違いがあります。

・簎：先端部と柄が固着している。
・銛：投げて目的物を突き刺す、発射装置を用いて投射する、
　　先端部と柄が分離するなどの特徴がある。

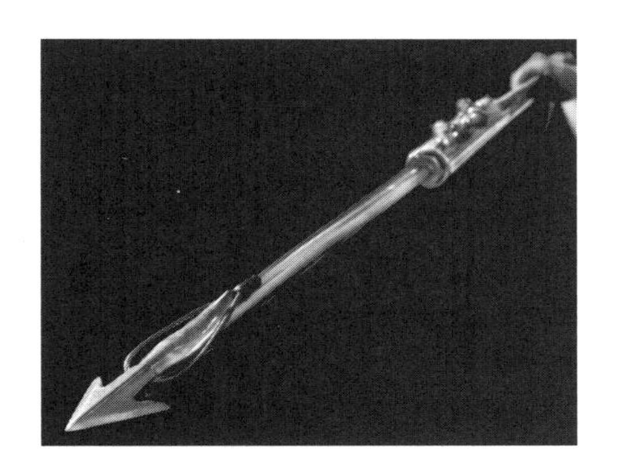

銛突きは、例えばマグロのような大きな魚を釣り上げるときに使われます。

マグロの漁獲方法には延縄漁法、巻き網漁法などもありますが、最も古くから行なわれているのは一本釣り漁法です。長い竿を使い、漁船から釣り上げる方法です。この漁法では、引き寄せたマグロの鰓蓋（えらぶた）の部分を銛で突き刺して仕留めます。

なお、一本釣りで使われる竿は、従来は４～６メートルほどと非常に長いものでしたが最近は２～３メートルの短めのものが増えています。これは、竿の強度やしなやかさといった性能が向上しているためです。

竿が長いとしなりやすくなり、強い力に耐えやすくなります。ただし、魚と格闘しているときには竿の長さは大きな負担となります。このことは、てこの原理で理解できます。

　竿に吊るされたものを持ち上げようとするとき、同じ重さのものを持ち上げるのに竿が長いほど大きな力が必要となるのです。竿を短くできれば、負担を減らせることが分かります。竿の性能は向上しており、短くてもしなやかで強いものが増えてきました。さらに、釣り糸の性能も向上したこと、リールのブレーキ（ドラグ）がソフトに効くようになっている（釣り糸へ急に大きな負荷がかかるのを防ぐ）ことで、短めの竿を使うことが増えてきたと考えられます。

　話を銛に戻しましょう。巨体のマグロを仕留めるのですから、銛にはそれなりの重量が求められます。ただし、人が漁船上で安全に扱えるものでなければなりませんから、あまり重すぎてはいけません。また、あまり重くては上手く突き刺すのも難しいかもしれません。

　そこで、適した銛の重量について物理的に考えてみたいと思います。物理をもとに考えると、どのような重量の銛が最適なのか見えてくるのです。

　さて、マグロに銛を突き刺して仕留めるには、銛を深く突き刺す必要があるでしょう。このとき、マグロに突き刺さるときの銛のスピードが大きいほど深くまで食い込みそうです。また、銛のスピードが同じなら銛が重い方が深く突き刺さりそうな気もします。では、銛の「スピード」を大きくするのと「重量」を大きくするのとでは、どちらの方が効果があるのでしょうか？ このことが分かると、適した銛の重量が見えてきそうです。

まずは、銛の重量（正確には「質量」）について考えてみます。質量の大きい銛ほど、魚体に突き刺さろうとする勢いが大きくなります。この「突き刺さる勢い」を、物理では「運動量」「運動エネルギー」という2つの値で示します。

ある物体の「運動量」は、その物体の質量 m と速度 v を使って mv と表される値です。質量が大きいものが大きな速度で運動しているときほど運動の勢いは大きくなるため、このような値が用いられます。例えば、ボーリングではなるべく質量の大きいボールをなるべく速く転がす方がピンを倒しやすくなります。

これに対して、ある物体の「運動エネルギー」は質量 m と速さ v を使って $\frac{1}{2}mv^2$ と表されます。こちらの値も質量の大きい物体が速く動いているときほど大きくなりますが、運動量と求め方が違うのはエネルギーはその物体の「仕事をできる能力」を表すためです。物理では「力を加えて何かを動かす」ことを仕事と言います。$\frac{1}{2}mv^2$ は、その物体が他の何かに対してどれくらい仕事できるのかを表す値なのです。

それでは、「運動量」と「運動エネルギー」を用いて銛の質量が変わったときに魚体に突き刺さる深さがどのくらい変わるのか考えてみましょう。ここでは、例として銛の質量が2倍になった場合を考えてみます。

銛の質量 m が 2 倍になると、運動量 mv も 2 倍となります（速度 v は一定としています）。

さて、突き刺さる瞬間に運動量を持っていた銛は、魚体に突き刺さったときには運動量を失っています（速度 v が 0 となるためです）。このことは、

物体の運動量の変化 ＝ 物体が受ける力積

の関係を使って考えることができます。「力積」も物理用語で、物体が大きさ F の力を時間 t の間だけ受けたとき、物体は Ft と表される大きさの力積を受けたことになります。銛が魚体に突き刺さるとき、魚体から抵抗力を受けます。この抵抗力が銛に力積を与え、銛の運動量が変化する（0 になる）のです。

ここまで述べたことを整理すると、突き刺さる銛の質量 m が 2 倍となったとき、

銛の運動量の変化 $= 0 - mv = -mv$ の大きさが 2 倍となる

↓

銛が受ける力積の大きさ Ft も 2 倍となる

↓

鈷が魚体から抵抗力を受ける時間 t が 2 倍になる
（鈷が魚体から受ける抵抗力の大きさ F は一定だと考える）

となります。

鈷が抵抗力を受ける時間 t は、鈷が魚体に食い込むのにかかる時間を示します。これが 2 倍になるということです。このとき、鈷の突き刺さりはじめるときの速度が変わらなければ、最後は速度 0 となるのですから、平均の速度は変わりません。よって、「速さ × 時間」で表される鈷が魚体に食い込む「距離」は、2 倍になることになります。

結局、鈷の質量を 2 倍にすることで、魚体に食い込む深さが 2 倍になると分かるのです。

鈷の運動量の変化を考えることで、このような結論を得られます。

それでは、鈷の運動エネルギーについて考えたらどのような結論が得られるでしょう？　運動量について考える場合と何か違うのでしょうか？

鈷の質量 m が 2 倍になると、運動エネルギー $\frac{1}{2}mv^2$ も 2 倍となります（やはり、速さ v は一定としています）。そして、突き刺さる瞬間に鈷が持っていた運動エネルギーは、魚体に突き刺さったときには失われています（速さ v が 0 となるためです）。運動エネルギーの変化については、

物体の運動エネルギーの変化 ＝ 物体が受ける仕事

の関係を使って考えることができます。「運動量」の変化は受ける「力積」と等しくなりますが、「運動エネルギー」の変化は受ける「仕事」と等しくなるのです。「仕事」は先ほど述べた通り「力を加えて何かを動かす」ことであり、その大きさは物体に与えられる力の大きさ F と物体の移動距離 L を使って FL と表せます。

魚体に突き刺さる銛は抵抗力から仕事をされ、その分だけ運動エネルギーが変化します。突き刺さる銛の質量 m が 2 倍となったとき、

銛の運動エネルギーの変化 $= 0 - \frac{1}{2}mv^2 = -\frac{1}{2}mv^2$ の大きさが 2 倍となる

↓

銛が受ける仕事の大きさ FL も 2 倍となる

↓

銛が魚体の中で移動する（食い込む）距離 L が 2 倍になる（銛が魚体から受ける抵抗力の大きさ F は一定だと考える）

となります。

すなわち、運動エネルギーの変化について考えても、先ほどと同じように「銛の質量を 2 倍にすると魚体に食い込む深さが 2

倍になる」という結論を得られるのです。

物理ではいろいろな考え方が登場しますが、互いに矛盾していないことが分かります。

それでは、今度は突き刺さりはじめるときの鈎の速度について考えてみましょう。鈎を速く突き刺すことで、どれほど食い込む深さが変わるのでしょう？　こちらも、突き刺さる鈎の「運動量」と「運動エネルギー」の変化について考えてみます。

鈎の速度 v が 2 倍になると、運動量 mv も 2 倍となります（質量 m は一定としています）。魚体に突き刺さることで鈎の運動量は失われますが、運動量の変化はやはり受ける力積と等しくなります。よって、鈎の速度 v が 2 倍になったとき

鈎の運動量の変化＝$0 - mv = -mv$ の大きさが2倍となる

↓

鈎が受ける力積の大きさ Ft も 2 倍となる

鈎が魚体から抵抗力を受ける時間 t が 2 倍になる（鈎が魚体から受ける抵抗力の大きさ F は一定だと考える）

となります。

さて、ここでは魚体に突き刺さりはじめるときの銛の速度が 2 倍になっているのですから、最終的に速度 0 となるまでの間の平均の速度は 2 倍となっています。そして、速度 0 となるまでの時間も 2 倍になるのです。よって、「速さ×時間」で表される銛が魚体に食い込む「距離」は $2 \times 2 = 4$ 倍になることになります。

銛の速度を 2 倍にすると、魚体に食い込む深さは 4 倍にまで大きくなることが分かるのです。

今度は、運動エネルギーをもとに考えます。

運動エネルギー $\frac{1}{2}mv^2$ は銛の速さ v の 2 乗に比例するので、速さが 2 倍になると運動エネルギーは 4 倍になるのです（質量 m は一定としています）。そして、突き刺さる瞬間に銛が持っていた運動エネルギーは抵抗力からの仕事によって失われています。よって、銛の速さ v が 2 倍になったとき、

銛の運動エネルギーの変化 $= 0 - \frac{1}{2}mv^2 = -\frac{1}{2}mv^2$ の大きさが 4 倍となる

↓

銛が受ける仕事の大きさ FL も 4 倍となる

↓

銛が魚体の中で移動する（食い込む）距離 L が 4 倍になる（銛が魚体から受ける抵抗力の大きさ F は一定だと考える）

となります。

やはり、鈷の速さを 2 倍にすると魚体に食い込む深さは 4 倍にまで大きくなることが導き出されるのです。

ここまで、鈷の運動量の変化および運動エネルギーの変化について考えてきました。その結果分かったことは、

- 鈷の質量が 2 倍になると（速さは一定)、食い込む深さが 2 倍になる
- 鈷の速さが 2 倍になると（質量は一定)、食い込む深さが 4 倍になる

ということです。すなわち、鈷をしっかりと魚体に食い込ませるには重さより速さが重要であると分かるのです。

重い鈷を扱うのが理想的かもしれませんが、重い鈷ほど扱いは難しくなるでしょう。重いために速度を出せなければ逆効果であることが、物理をもとに考えることで見えてくるのです。軽い鈷であっても速度を出せれば、深く食い込ませられることが分かります。

銛の重量は、例えば次のようになっています。

・銛セット 650 g + アルミポール 6ft 720 g ＝ 1370 g（TunaLovers）

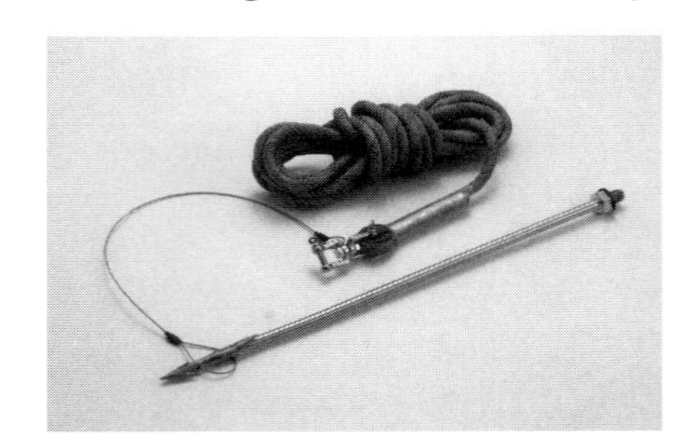

・銛セット 650 g + ステンレスポール 6ft 1430 g ＝ 2080 g（TunaLovers）

アルミポールを使うのとステンレスポールを使うのとでは、およそ 1.5 倍の重量の違いがあります。自信のある人はステンレスポールを使うのもよいと思いますが、そうでなければ扱いやすい（速度を出しやすい）アルミポールを使う方が向いているのかもしれません。なお、ポールの長さは船のデッキと海面の高低差などを考慮して選ぶ必要があります。

単独マグロ釣行で銛を使う場合は、巨体のマグロとの長い格闘を経て船体へ引き寄せた後です。そのときには、相当に体力を消耗しているでしょう。そのようなときには敢えて重いポールを使い、その重量を利用して銛を突き刺す方がラクなことも現実にはありえるのです。そこまで含めて考えると、自分にとって最適な道具は理屈だけでなく、経験によって分かっていくものなのかもしれません。

最後に、銛打ちについて補足します。

マグロの場合、銛はマグロの鰓蓋（えらぶた）を狙って打ち込みます。これは、鰓蓋は硬くて突き刺さりにくい場所ではありますが、硬いために一度貫通すると銛先が抜けにくいためです。そして、鰓蓋に銛が突き刺さってもマグロの商品価値は下がりません。

もしも腹や背中といった身の部分に打ち込むと、美味しく食べられる部分に傷がつくことになってしまいます。商品価値が下がってしまうのです。さらに、身の部分は柔らかいため深く打ち込んでも銛先が抜けてしまうことがあるのです。

近年は、釣り具や船、レーダーなどの進化に伴って、漁師だけでなく一般の人でもマグロ釣りを行なえるようになりました。プレジャーボートに乗って釣ることができ、マグロは近海最大のターゲットとして人気があります。

漁師の場合は、電気ショッカーでマグロを気絶させてからランディングする（取り込む）ことが多いため、マグロが暴れる心配が少なくて済みます。しかし、プレジャーボートでは電気ショッカーを搭載していないことも多いので、取り込みの際は安全を十分に考慮して銛やギャフ（先端がかぎ針状のアイテム）を使う必要があります。

Angler's Eye

釣りの本当の楽しみ

ここまで、釣り道具を科学的に見てきました。

道具には魚種やサイズに応じてさまざまな製品が揃っています。価格も、お手頃なものから高価なものまで幅広く、選択肢が豊富です。しかし、高価な釣り具が必ずしも大きな釣果を保証するわけではありません。

それでも、職人が手作りした銘品や、最新技術をとり入れたハイスペックな製品には、つい手を伸ばしたくなるものです。結局のところ、「使うアングラーが満足すればそれがベスト」という考え方が大切です。釣果よりも、自分が使いたい道具にこだわることも、釣りの楽しみの一つです。

自分で選び、納得して手に入れた道具を使えば、日常を忘れ、釣りに没頭する時間がより充実します。釣りで得られるものは、単なる釣果だけではありません。休日にゆっくりと流れる時間を作り、リフレッシュする手段として、釣りは優れたメンタルヘルスの方法かもしれません。

9

銛先が尖っているほどよい理由とは？

前節では、マグロを突く銛の重量について考えました。ところで、銛の先端はある程度鋭く尖っています。どうしてそのような形になっているのでしょう？ 銛がマグロに突き刺さった後、先端部分だけは刺さったまま残されます。そのとき、銛先があまり鋭いと抜けやすくなってしまいそうです。実際には抜けないように先端には返しが付いていますが、どうして先端を鋭く尖らせているのでしょう？

今回は、銛の先端の形状について考えてみます。

銛の先端

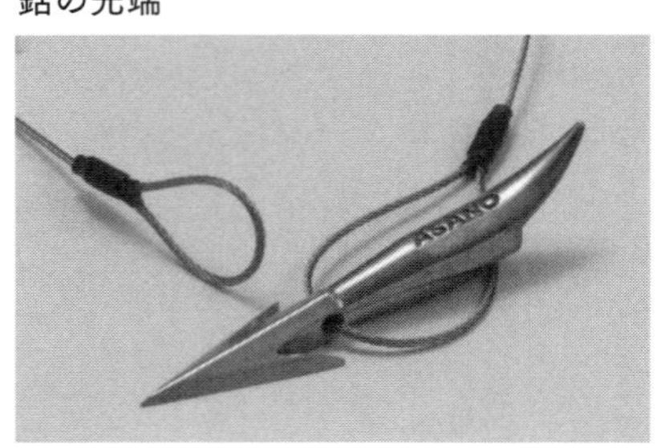

鈎の先端が鋭く尖っていることには、魚（鰓蓋）に深く突き刺さりやすくなるというメリットがあります。その理由の１つは、先端が最初に魚体に触れるときに魚体との接触面積が小さくなることにあるでしょう。接触面積が小さければ、同じ大きさの力を加えたときに圧力が大きくなります。圧力は「単位面積あたりに垂直に加わる力の大きさ」を表し、これが大きくなるほど鈎先が魚体の中へ侵入しやすくなるでしょう。

ただし、問題は鈎がある程度魚体に食い込んだ後です。鈎先の部分が魚体の中へ入り込んだ状態では、鈎と魚体の接触面積は大きくなってしまいます。このときに圧力が小さくなってしまっては、それ以上鈎が食い込んでいくのが難しくなり、鈎が深く突き刺さらなくなってしまいます。それでは、簡単に抜けてしまいます。

実は、鈎の先端の鋭さは少し魚体に食い込みはじめてから威力を発揮します。どういうことでしょう？ 仕組みが似ている「斧」を例に説明してみます。

斧の断面は次のようになっており、先端が鋭く（角度が小さく）なっています。そして、このような斧で薪を叩きつけると、薪を割ることができます。

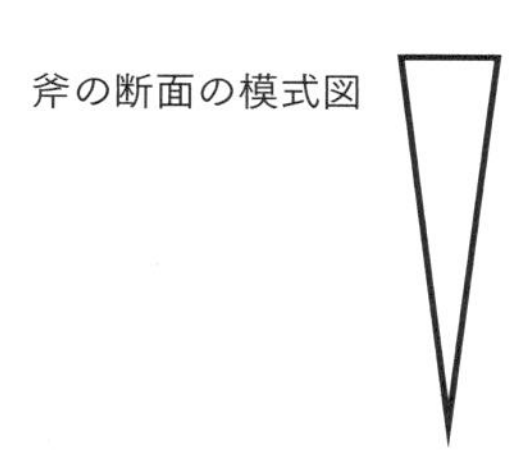

これは、考えてみると不思議ではないでしょうか？ というのは、斧で叩きつけるときには真下に向けて力を加えます。しかし、硬い薪を２つに割るには左右両側に向かう力が必要です。人は真下に向けて力を加えているだけなのに、どうして左右に引き裂くような力が発生するのでしょう？

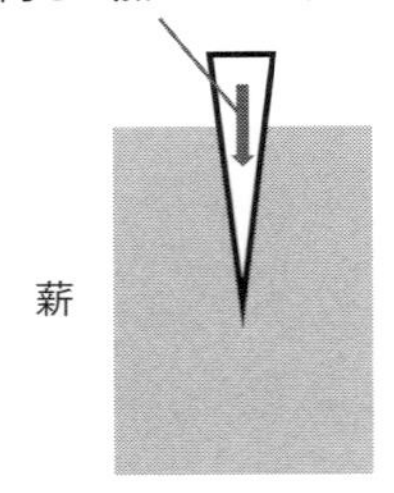

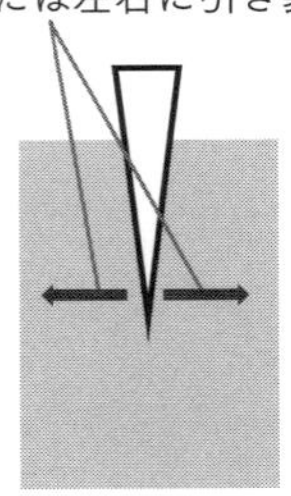

ここに、鋭く尖っている斧の秘密が隠れています。

食い込んでいく斧が薪に与える力を理解するには、その反作用を考えるとスムーズです。すなわち、「薪が斧に与える力」です。

薪と斧は、左右両側の面で接触し、ここで互いに押しあいます。よって、薪は斧を次のような向きに押すのです。

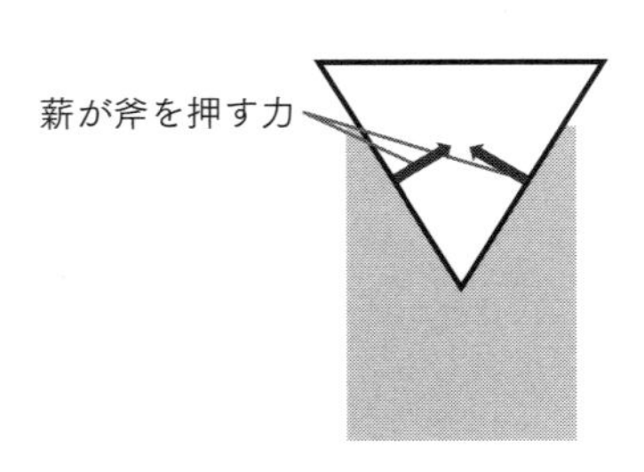

そして、2つの力を1つにまとめると、次のように表すことができます。2つの力を合わせて１つにすることを「力の合成」と

言いますが、これは力が大きさだけでなく向きを持つ「ベクトル」（矢印）であることに注意して行なう必要があります。

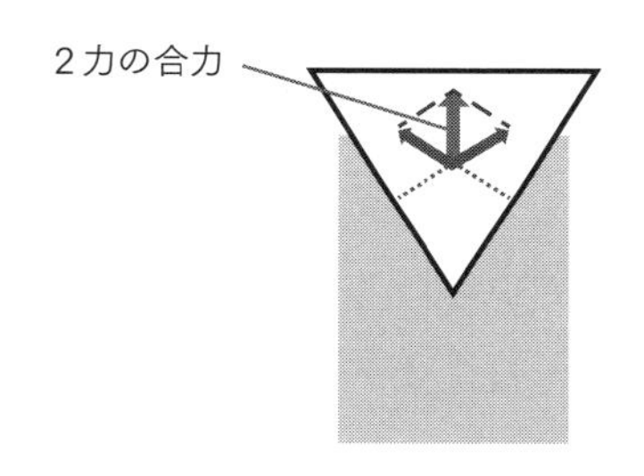

さて、上の図は実際の斧ほど鋭く尖っていないものの場合です。図の場合、合力の大きさは１つの接触面で薪が斧を押す力の大きさとほぼ等しくなっています。

それでは、鋭く尖っている実際の斧ではどうなるか求めてみましょう。考え方は同じで、力がベクトルであることに注意して合成すればよいことになります。

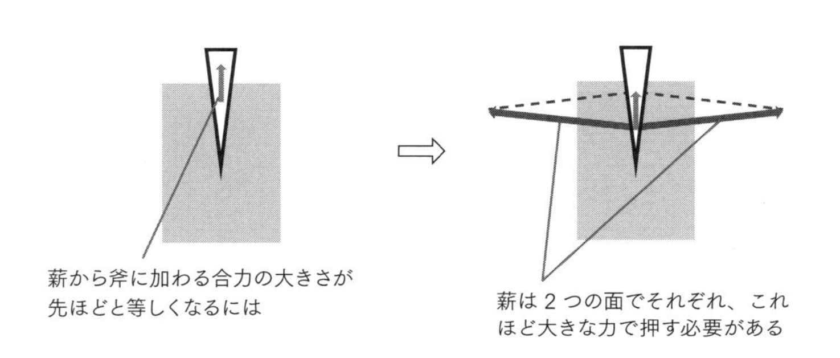

斧の先端の角度が小さいほど、合力に比べて薪が斧を押す力は大きくなることが分かります。ここに、鋭い斧ほど薪を割りやすくなる秘密が隠れています。

薪割りをするとき、斧と薪は互いに押し合います。「斧が薪を押す力」と「薪が斧を押す力」は作用反作用と呼ばれる関係にあり、逆向きで同じ大きさです。よって、斧から薪に加わる力（鉛直下向き）の大きさが等しければ、薪から斧に加わる力（図の合力）の大きさも等しくなるのです。このとき、斧の先端が鋭いほど薪が斧の面を押す力が大きくなるわけですが、これについても作用反作用の関係を考えられます。すなわち、鋭い斧ほど薪を左右に強く押すことになると分かるのです。

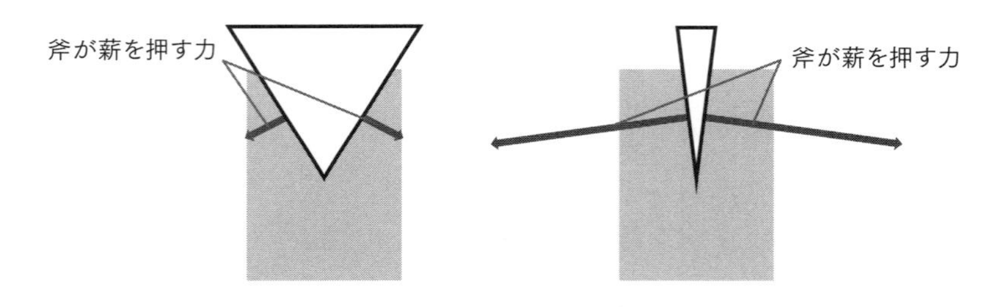

以上が、斧が薪を割る仕組みです。先端を鋭く尖らせることで、人の手で加える力よりもずっと大きな力が、斧から薪に伝わるのです。しかも、その向きは水平方向に近くなります。

このような力によって薪が引き裂かれるわけです。

そして、実は鈷が魚体の中へ食い込んでいくときにも同じことが起こっていると考えられます（釣りとは関係ない斧の仕組みを説明したのは、そのような理由です）。

鈷先が魚体に食い込んでいくためには、魚体に対して引き裂くような向きに力を与える必要があります。つまり、斧から薪を割るような向きに力がはたらくのと同様のことが起こればよいのです。そのため、斧と同じように鈎先も鋭く尖っていると考えられます。もちろん魚体を実際に分裂させてしまうわけではありませんが、引き裂きながら鈎が食い込んでいくスペースを作っているわけです。

以上のことから、鈎先には鋭く尖っていることが求められると分かります。

よって、鈎は強い力が加わっても変形しないような硬い素材で作る必要があります。そのようなものを鋭く尖らせるように加工する技術が、鈎を作るのには求められるということです。

なお、実際の鈎先には食い込んだ後に抜けないようにするため返しがついています。返しをつけるため、鈎先の鋭さ（角度の小ささ）には限界があります。魚体に食い込みやすく、かつ食い込んだ後に抜けにくくなるよう、鈎先の形状は考えられていることが分かります。

10

魚群探知機で魚の動き方まで分かるのはどうしてか?

漁では、100 メートル以上の深いところにいる魚も獲物としま す。しかし、これほど深いところにいる魚を目視で見つけるのは 不可能でしょう。そこで活躍するのが、魚群探知機です。実は、世界で初めて実用化されたのは日本製の魚群探知機です。古野電気商会によって開発され、1948 年に販売が開始されました。

今回は、魚群探知機の仕組みについて考えてみましょう。魚群探知機では、深海に魚がいるかどうか、水深や海底の起伏がどうなっているかなどを読み取ることができます。巻き網や底びき網を使う漁では、海底の様子を知ることが重要になります。

また、魚の量を推測することもできます。さらに、魚がどのくらいの速さで移動しているかまで分かってしまいます。どうしてそんなことまで分かってしまうのでしょう？

魚群探知機で利用するのは、光や電波といったものではなく「超音波」です。光や電波といったものは「電磁波」と呼ばれますが、電磁波は水中ですぐに減衰してしまうため利用できないのです。それに対して、音波は水中をよく伝わります（161 ページ参照）。

私たち人間が聴くことができるのは、およそ 20 ～ 20000 Hz（ヘルツ）という周波数の音波です（個人差があります）。1 秒間に振動する回数を表すのが「周波数」で、例えば 1 秒間に 400 回振動するのが 400 Hz の音波です。周波数が大きいほど、高い音として聴こえます。

そして、周波数の大きい音波ほど波長が短くなります。

周波数が小さい音波：波長が長い

周波数が大きい音波：波長が短い

波長が短い音波には「広がりにくい」という特徴があります。壁の向こうで話している声が聴こえることがありますが、これは音波が壁の裏側まで広がってくるからです。このとき、波長が短い（周波数が大きい）と広がりにくくなるのです。

超音波とは、人間には聴こえないほど周波数の大きい音波のことです。そのため波長は非常に短く、水中でも広がらずに進んでいきます。超音波は狙った方向に集中して発射することができるため、魚群探知機に利用されているのです。

それでは、超音波を利用して魚群の様子を知る方法を考えてみましょう。まずは、魚群の存在を知る方法です。

魚群のいる方向に超音波が発射された場合、超音波は魚群によって反射されます。それが漁船まで戻ってくれば、超音波が漁船と魚群の間を往復する時間が分かり、魚群の深さを知ることができます。

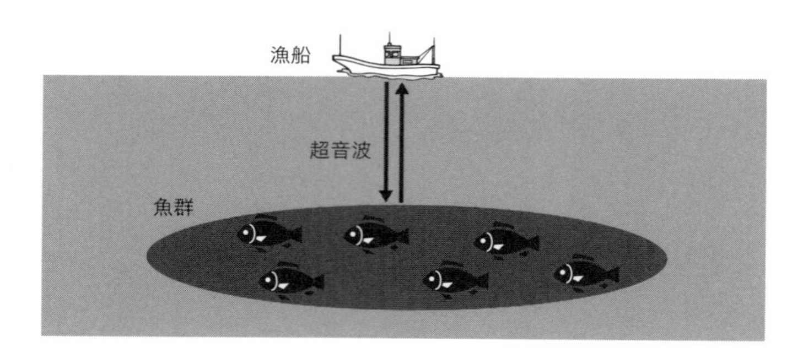

図のように漁船の真下の魚群から超音波が反射される場合、

$$\text{魚群の深さ} = \frac{\text{超音波の速さ} \times \text{往復時間}}{2}$$

と見積もることができます。超音波は水中で 1500 m/ 秒ほどの速さで進むため、深いところにいる魚群からも短時間で超音波が戻ってきます。

ただし、超音波が一斉に発射されたとしても漁船に戻ってくる時刻にはバラツキが生まれます。それは、魚群に厚み（幅）があるからです。魚群の上面で反射した超音波が最も早く、下面で反射した超音波が最も遅く戻ってきます。

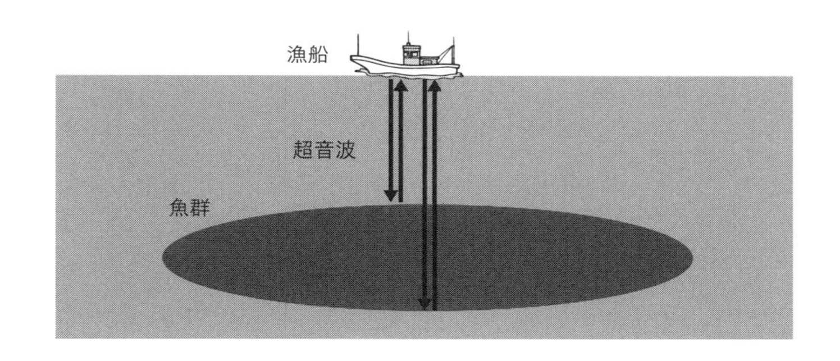

このとき、最も早く戻る超音波の受信時刻を t_1 、最も遅く戻る超音波の受信時刻を t_2 とすると、超音波が魚群の中を往復する時間が $t_2 - t_1$ だと分かり、そのことから

$$\text{魚群の厚さ（幅）} = \frac{\text{超音波の速さ} \times (t_2 - t_1)}{2}$$

と求められるのです。魚群探知機を使えば、群れの大きさまで推定できてしまうのですね。

ここまでで、魚群探知機を使って魚群の存在およびその大きさまでを知ることができる仕組みが分かりました。

ところで、魚は海中でじっとしているわけではなく泳いでいます。狙いを定めた魚群がどのくらいの速さで移動しているのか分かれば、狙いやすくなりそうです。そして、魚群探知機はこれも知ることができるのです。それには、魚群で反射するときに超音波の周波数が変化することを利用しています。

いまは、魚群が水平方向に進んでいるとしましょう。これに対して鉛直方向に（真下に向けて）超音波を当てた場合、反射による周波数の変化は起こりません。

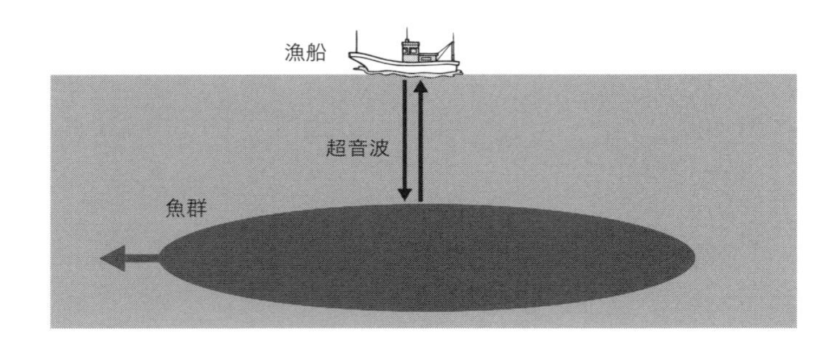

反射によって周波数が変化するのは、次のように鉛直方向からずらして（斜めに）当てる場合です。

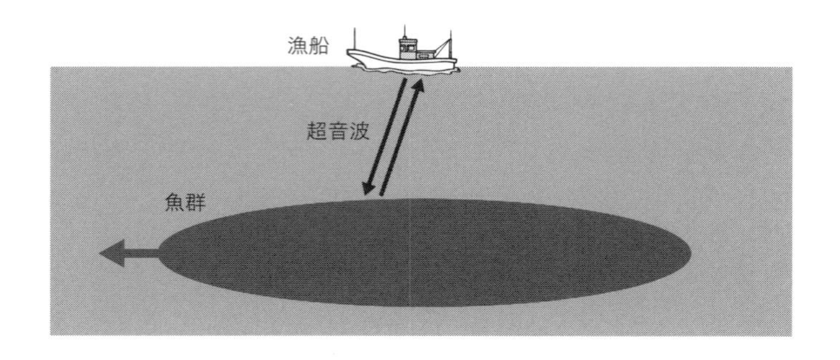

このときに起こる周波数の変化は、次のように求められます。

漁船から、振動数 f の超音波が時間 Δt の間だけ発射されたとします。この超音波が海中を進む速さを V とすると、発射された超音波の長さは $V\Delta t$ となります。

発射された超音波は魚群に向かって速さ V で近づいていきますが、魚群は超音波から逃げるように移動していきます。このとき、超音波の進む向きの鉛直方向からのずれを θ、魚群の速さを v とすると、超音波から遠ざかる向きの速度成分は $v\sin\theta$ となります。

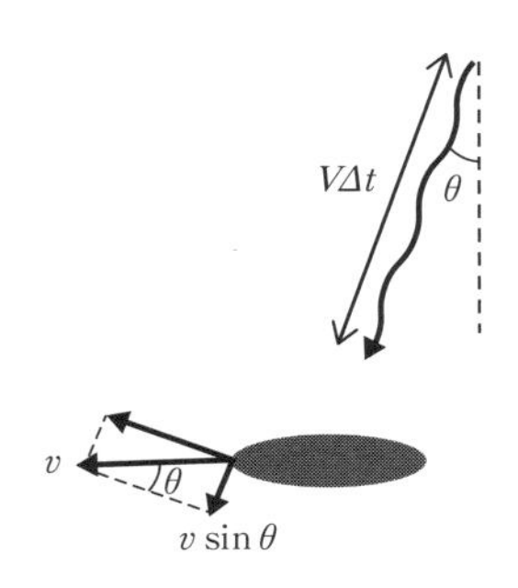

よって、魚群からは長さ $V\Delta t$ の超音波が速さ $V-v\sin\theta$ で近づいてくるように見えるのです。ここから、超音波が魚群で反射するのにかかる時間は $\dfrac{V\Delta t}{V-v\sin\theta}$ と分かります。反射した後も、超音波は速さ V で進んでいきます。よって、反射が終わった瞬間には超音波の先端は反射が始まった位置から距離 $V\times\dfrac{V\Delta t}{V-v\sin\theta}$ だけ離れた位置にあります。また、反射が終わった位置がこのときの超音波の後端となります。

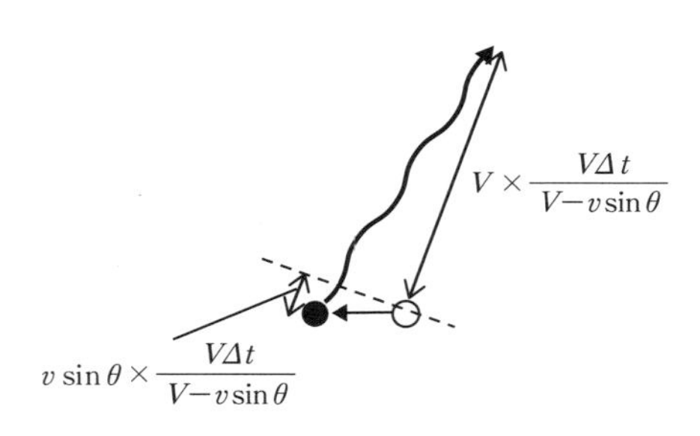

以上のことから、魚群にぶつかるまでは長さ $V\Delta t$ だった超音波が、反射後には長さ

$$V\times\frac{V\Delta t}{V-v\sin\theta}+v\sin\theta\times\frac{V\Delta t}{V-v\sin\theta}=\frac{V\Delta t(V+v\sin\theta)}{V-v\sin\theta}$$

に引き伸ばされることが分かります。

この反射波を、漁船で探知します。反射波が漁船に近づく速さは V なので、漁船ではこれを

時間 $=\dfrac{\dfrac{V\Delta t(V+v\sin\theta)}{V-v\sin\theta}}{V}=\dfrac{(V+v\sin\theta)\Delta t}{V-v\sin\theta}$ だけかけて聴く

（受信する）ことになります。

これは、超音波が発射された時間 Δt の $\dfrac{V+v\sin\theta}{V-v\sin\theta}$ 倍（＞1倍）です。

超音波を聴くのにかかる時間が長くなると、聴こえる振動数（単位時間に聴く波の数）は小さくなります。両者は反比例の関係にあるので、漁船で受信する振動数 f' は

$$f' = \frac{V - v\sin\theta}{V + v\sin\theta} f$$

となることが分かります。この関係を利用して、魚群の速さ v を知ることができるのです。

魚群探知機を使うことで、魚群を探すだけでなくその情報を得ることもできるのだと分かりました。

ところで、魚群探知機と似たものに「ソナー」があります。構造は似たものですが、魚群探知機では漁船の真下方向を探査するのに対して、360°全方位の観測をできるのがソナーの特徴です。

ソナーを使って対象物までの距離を測定する方法は、基本的には魚群探知機と同じです。すなわち、発射した超音波が戻ってくるまでの時間をもとに計算するのです。

ただし、水平方向に発射した超音波は水流の影響を受けることに注意が必要です。超音波が水流と同じ向きに進むときには速く、逆向きに進むときには遅くなるのです。対象物までの距離を求めるときには、このことを考慮して計算する必要があります。

漁船から水平方向に発射した超音波が、漁船と同じ深さにある対象物で反射して漁船まで戻る状況を考えてみましょう。このとき、漁船から対象物に向かって速さ w の水流があるとします。すると、水流がないときの超音波の速さを V とすると、漁船から対象物に向かう超音波の速さは $V + w$、対象物から漁船へ戻ってくる超音波の速さは $V - w$ となります。

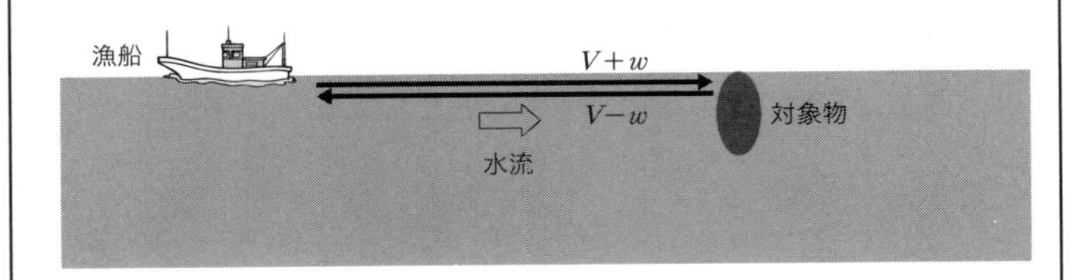

超音波が漁船を出発してから戻ってくるまでの時間を T とすると、T は漁船と対象物との距離 L を使って

$$T=\frac{L}{V+w}+\frac{L}{V-w}=\frac{L\{(V-w)+(V+w)\}}{(V+w)(V-w)}=\frac{2VL}{V^2-w^2}$$

と表せます。ここから、漁船から対象物までの距離を

$$L=\frac{(V^2-w^2)T}{2V}$$

と求めることができます。

ソナーを使って対象物までの距離を求められる仕組みが分かりましたが、1つ問題があります。距離 L を知るには、水流の速さ w が分からなければならないということです。これはどのように求めるのでしょう？

水流の速さ w は、漁船から発射するときと漁船に戻ってくるときでの超音波の波長の変化から知ることができます。

水流に乗って進む超音波は、単位時間に距離 $V+w$ だけ進みます。この中には超音波の振動数（fとします）の個数の波が含まれるので、波長は $\frac{V+w}{f}$ となります。水流に逆らって進む場合は、単位時間に距離 $V-w$ だけ進むことから波長は $\frac{V-w}{f}$ となるのです。すなわち、超音波の波長は行きと帰りで

$$\frac{V+w}{f}-\frac{V-w}{f}=\frac{2w}{f}$$

だけ変化するのです。

このことから、超音波の波長の変化を測定することで、水流の速さ w が求められると分かります。

今回は、魚群探知機およびソナーを使った測定の仕組みについて物理的に考えてみました。魚群の存在、魚群までの距離、魚群の動きを知ることは釣りにとって極めて重要です。釣りは物理学に支えられており、物理学を上手に活用することがポイントなのだと分かりますね。

ただし、起伏の激しい複雑な海底では、魚がいても魚群探知機ではとらえられないこともあります。また、魚の移動速度が大きければ映ってもすぐに消えてしまいます。このようなことから、魚群探知機に執着せず自らの勘を信じる船長も多くいるのです。

魚群探知機

魚群探知機に映るのは、船の下やその周辺にいる魚だけです。速く泳いでいる魚は、映ったとしてもすぐに消えてしまうため、魚群探知機が常に頼りになるわけではありません。魚群探知機で魚が見つからない場合、実績のあるポイントや、魚を狙う鳥、潮目、そして船長の勘が頼りになります。

特にマグロのような捕食が激しい魚は、勢いよく水面から飛び出すことがあります。このように魚体が飛び出す現象が頻繁に起こると「ナブラ」と呼ばれ、遠くからでも確認できるほどの水しぶきが上がります。「ナブラ」や、その周りに集まる鳥たちが作る「鳥山」を見つけたときは、期待が一気に高まります。まるで魚群探知機に勝った瞬間のようです。

ところで、魚群探知機から発せられた超音波は水中を進むうちに少しずつ弱くなっていきます。そのため、深い場所の様子を知りたい場合には、より強い超音波が必要になります。最近の高性能な魚群探知機は、海底に生息する根魚の生態に影響を与えていると言われています。魚群探知機の性能向上により、一部の地域では根魚が過剰に釣られ、絶滅の危機に瀕するほどです。回遊魚は餌を求めて移動するため影響を受けにくいのですが、根魚は棲処を変えないため、魚群探知機の影響を強く受けやすいと言えるでしょう。

第2章
釣りの方法と科学

1

潮の流れとの上手なつきあい方は？

釣りをしていると、よく釣れる日もあればあまり釣れない日もあります。特に、海で釣りをするときには潮の流れによって釣果が変わると言われます。潮の流れがないときにはなかなか釣れないとされます。

潮の流れが釣りに影響するのはどうしてでしょう？ そして、潮の流れがないときでも釣果を上げる方法はないのでしょうか？ 今回は潮の流れと釣りの関係について考えてみます。

まずは、そもそも潮の流れ（潮流）とは何なのか、どのようにして起こるのか説明します。潮流と似たものに海流があります。どちらも海水の流れを示すものですが、発生する仕組みが異なり、そのため特徴にも違いがあります。

潮流を生むのは、潮の満ち引き（潮汐）です。海の中の同じ場所でも、海面の高さは時間とともに変化しています。その場所の海面が高くなるときには、そこへ向かって海水が流れ込んでいます。逆に、海面が低くなるときには海水が流れ出ているのです。

さて、潮汐が起こる原因は地上と月との位置関係が変化することです。地球は１日に１回自転します。それに対して、月は約１ヶ月に１回地球の周りを公転します。そのため、地上から見える月の位置は変わっていく、つまり月との位置関係が変化するのです。

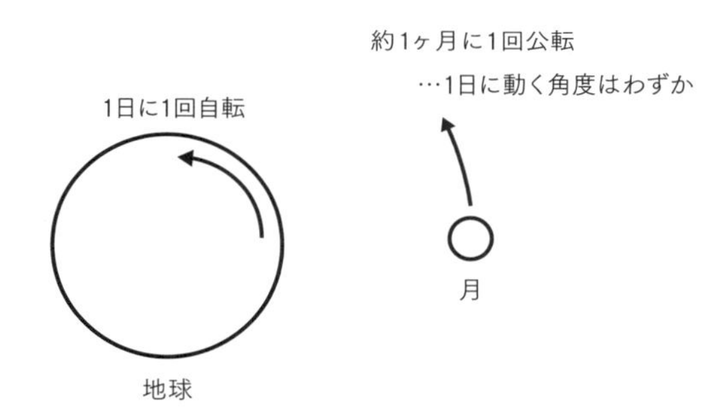

地球と月の間には「万有引力」と呼ばれる引きあう力がはたらいています。万有引力には、距離が近づくほど大きくなるという特徴があります。そのため、地球の月に近い側では大きな万有引力を、それとは反対側ではより小さな万有引力を受けることになります。そして、その結果地球は次のように変形しようとするのです。

月からの万有引力には、
地球をこのように変形させようとするはたらきがある
月
地球

地球は、常にこのような力を月から受けているのです。ただし、海水を除けば地球表面は固体でできているため、そう簡単に変形しません。

このとき、流動性のある海水が高さを変えることでこのような変形を実現します。これこそが、潮汐なのです。

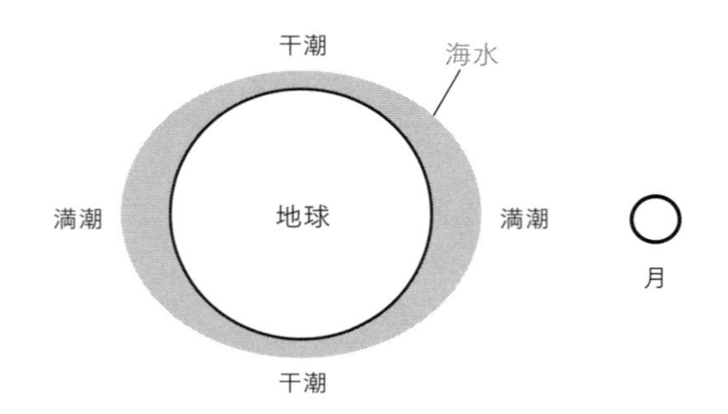

これで、満潮が月が近づいた地点だけでなくその反対側にも現れる理由が分かったと思います。潮汐はこのような仕組みで起こるため、1つの地点で満潮および干潮は1日に2回ずつ訪れることになるのです。

なお、潮汐は月だけでなく太陽からの万有引力も影響して起こっています。ただし、太陽よりずっと小さい月ですが太陽よりずっと地球に近いところにあるため、月からの万有引力の方が大きく影響します（影響の違いは2倍以上です）。それでも太陽の影響もあるため、月と太陽の位置関係によって満潮時の水位の高さに違いが生まれます。

満潮時の水位が大きくなるとき

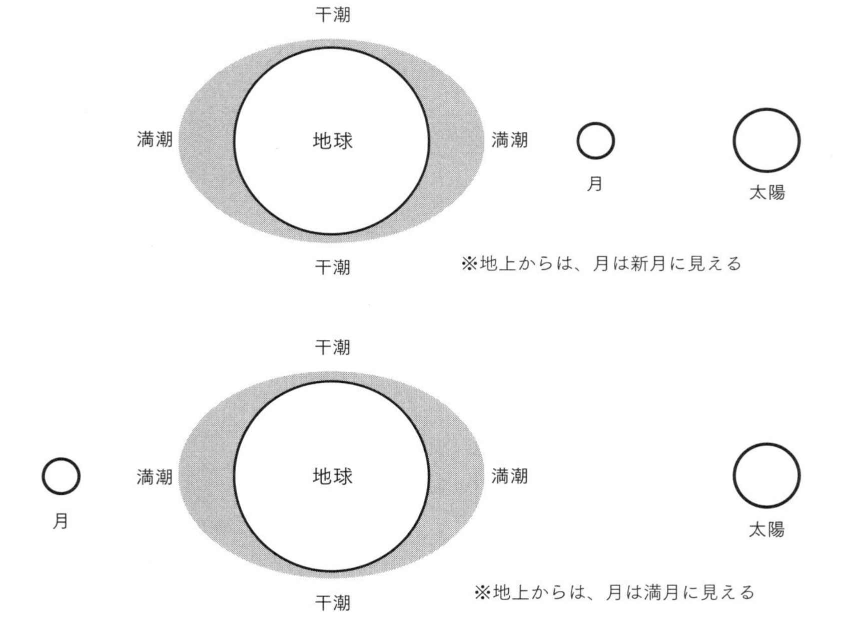

満潮時の水位が小さくなるとき

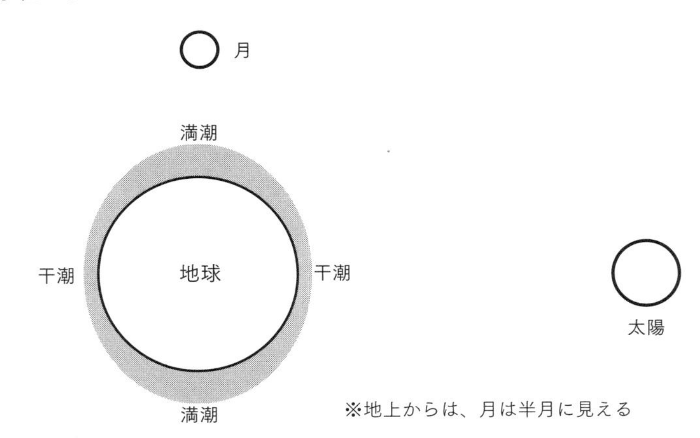

潮汐の度合いには月と太陽の位置関係が大きく影響するため、潮の高さは日々変わっていくのです。

また、地球の軌道も月の軌道も正確には円ではなく、楕円の形をしています。そのため、地球と太陽の距離、地球と月の距離は一定ではないのです。このことも、潮位が日々変化する一因です。

そして、満潮および干潮の潮位は、1日にやってくる2回でも異なります。これは、地球と月の公転面がずれているためです。

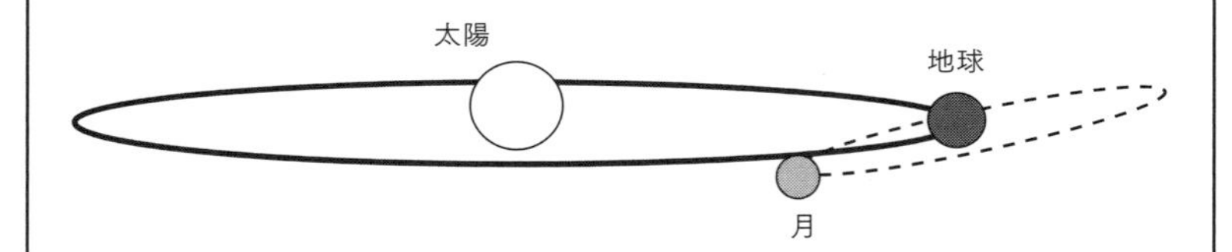

地球と月の公転面は、約5°ずれています。そのため、月による潮汐は次のような向きに生じ、1日に2回訪れる満潮や干潮の高さにそれぞれ差が生まれるのです。

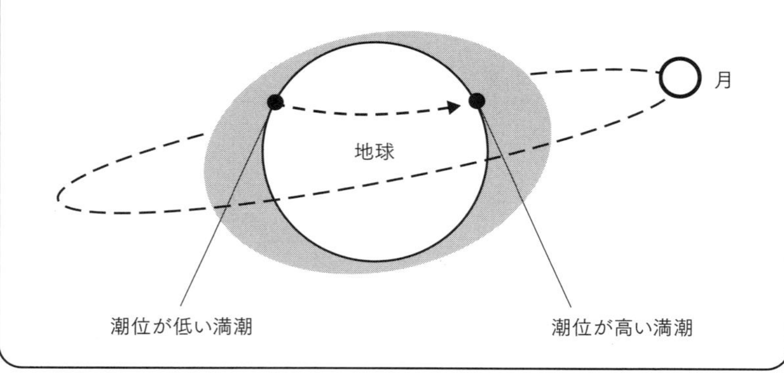

なお、実際の潮位の変動は月や太陽からの引力によってその場で起こるのではなく、引力によって生じる潮流によって起こります。そのため、月が真南に見える時刻と潮位が最大になる時刻は必ずしも一致しないのです。

潮汐（潮流）が引き起こされる仕組みが単純でないことが分かりますね。

それでは、今度は海流についてです。海流は、風によって生み出される海水の流れを指します。

海上では、強く風が吹いています。風には、海水を動かす力があるのです。

海上の風には、季節によって向きが変わる季節風と、年間を通しておよそ一定の向きに吹いている貿易風や偏西風といったものがあります。

日本のあたりの季節風は、次のようになっています。

夏は太平洋から大陸側に向かって、冬はその反対向きに吹いてきます。これは、温度が変わりやすい陸地と、温度が安定している海洋との違いによるものです。

陸地を構成する岩石などは温まりやすく冷めやすいのに対して、海を構成する水は温まりにくく冷めにくいものです。これは、比熱の違いによります。比熱はその物質の「同じ量の温度を同じだけ上げるのに必要な熱量」を表します。岩石の比熱は、水の比熱よりずっと小さいのです。

このような陸地と海洋の性質の違いによって、夏には海洋より陸地の温度が高くなります。そして、陸地の空気は暖められて膨張するため、上昇気流が発生しやすくなります。陸地にできる上昇気流は、海側から空気を吸い込むのです。このようにして、海から陸へ向かう風が生まれます。

冬にはこの逆のことが起こります。陸地の空気は冷えて密度が大きくなり、下降気流が生じます。そして、海側に向かって空気が流れていく（風が起こる）のです。

このような仕組みで、季節によって向きを変えるのが季節風です。

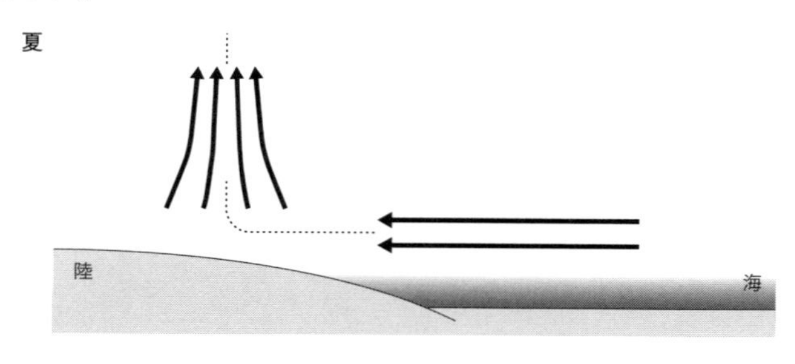

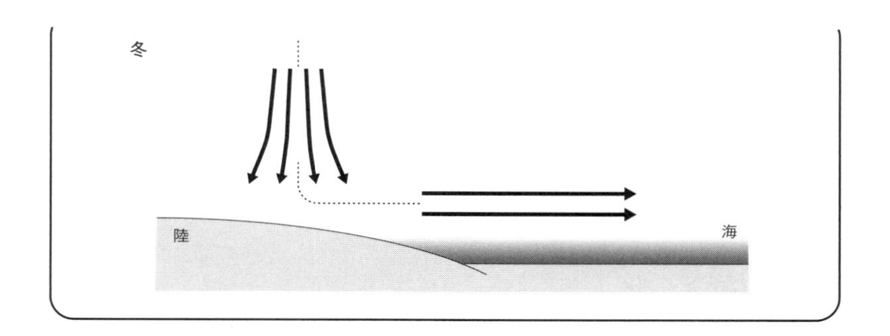

これに対して、貿易風や偏西風は年間を通して同じ向きに吹いています。これは、地上の位置によって太陽から受け取るエネルギー量が異なることが原因となっています。

太陽光がよく当たる赤道付近は多くのエネルギーを受け取り、気温が高くなります。そのため、先ほどと同じ仕組みで風は北極や南極側から赤道側へ向かって吹くようになるのです。このとき、風は真っすぐ進まず曲がっていきます。風は、北半球では右へ、南半球では左へ逸れながら進んでいくのです。これは、コリオリの力の影響です。

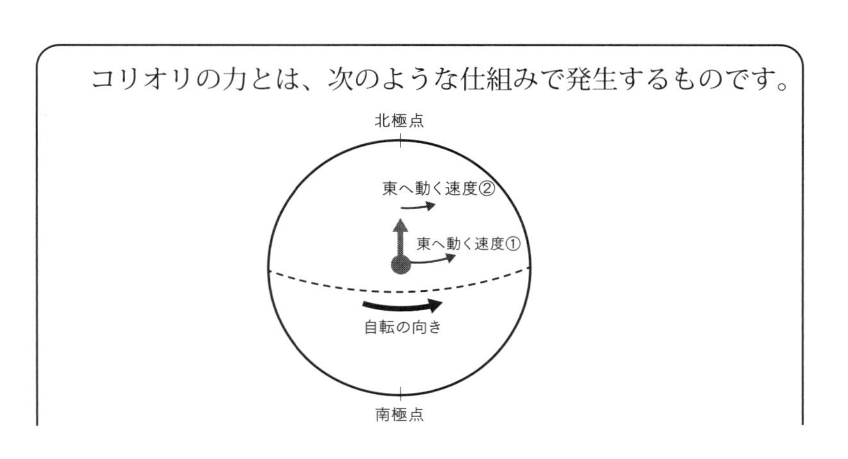

前ページの図で、①は現在物体がある位置での自転の速度を、②はそれより北側の地表面の自転速度を表します。自転はどこでも同じ周期（１日に１周）で起こっていますが、北極点に近づくほど回転する距離は短くなるため、自転速度も小さくなります。つまり、①＞②です。

物体が北へ進むときには、①の自転速度を保持したまま移動していきます。そのため、北へ行くほど地表面（②）に比べて速く東へ（右へ）動くことになるのです。これが、物体が北半球で真っすぐ進もうとしても右に逸れてしまう（コリオリの力がはたらく）理由です。なお、ここでは緯度が大きい側へ動く場合について説明しましたが、緯度が小さい側へ動く場合も同様に右向きの力が生じます。また、南半球では力の向きが逆に（左向きに）なります。

コリオリの力のため、北極側から赤道へ向かって吹く風は、右に逸れながら進むようになります。これが貿易風です（この風に乗って貿易を行なったことから、このように名づけられています）。

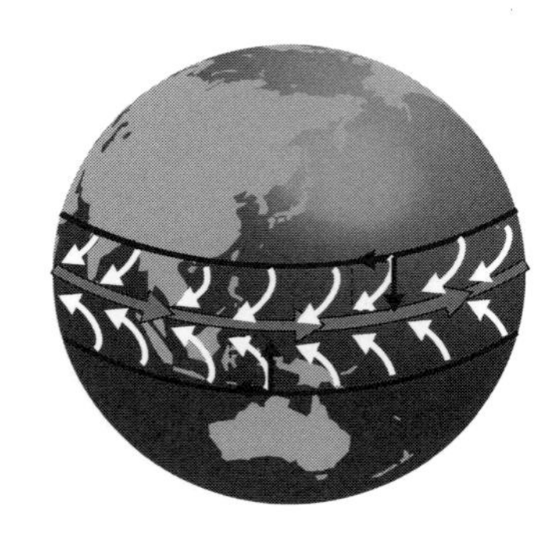

次に、赤道付近で上昇した空気の行方を考えます。これは上空の高いところへ上った後、両極側へ向かって移動します。高いところでは、地上とは逆向きに風が吹くのです。

そして、この風もコリオリの力を受けます。北半球では右向きに、南半球では左向きに進行方向が変わっていきます。その結果、どちら側でも西から東へ向かう風となるのです。これが偏西風です。

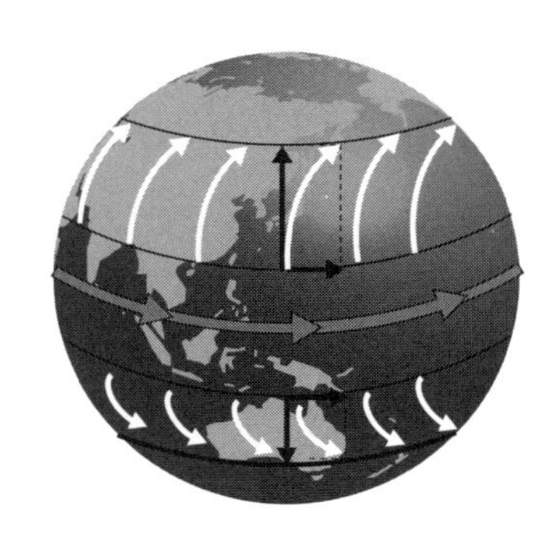

海に生じている海流は、ここまで説明した風の影響を受けながら生じています。風には安定したものが多くあります。そのため、海流もある程度安定しているのです。日本列島周辺では黒潮、親潮、対馬海流、リマン海流などがありますが、これらは安定した

模式図

風によってもたらされているのです。そして、海流によって釣りに適した場所が作られるのです。

ここまでの話を整理します。海水の流れには潮流と海流があり、それぞれ違った仕組みで発生します。そして、時間によって流れが大きく変わるのは潮流、安定しているのは海流です。

そこで、時間によって変動する潮流の釣りとの関係を考えてみましょう。潮流がどのようになったタイミングが、釣りには適しているのでしょう？

一般的には、潮流があるときの方が釣れやすいと言われます。そのために、潮見表というものがあるほどです。これは、満潮と干潮が訪れる時刻を、日ごとに示したものです。月と太陽との位置関係が日々どのように変わっていくか計算することで、満潮と干潮の時刻を予想するだけでなく、潮の大きさ（満潮と干潮での水位差）まで予測しています。

そして、潮の流れが速くなるのは満潮と干潮の間です。潮見表を利用して、この時刻を狙うとよいとされます。

なお、釣りを行なうときに実際に予想通り潮の流れが発生しているかどうか、どの程度の速さで発生しているのか、ウキを使って知ることができます（45ページ参照）。

それにしても、どうして潮の流れがあるときの方が釣れやすいのでしょうか？ それには、次のような理由があると考えられます。

まず、潮の流れがあると海水が岩や堤防などにぶつかり、波立つことが多くなります。特に、防波堤や砂浜と違って陸の形が複雑になっている磯ではよく波立ちます。海面が波立ちで白くなっているところは「サラシ」と呼ばれ、ここでは海水が空気と混ざりやすくなります。そして、空気中の酸素が海水に溶け込みやすくなるのです。このようにして、海水中の酸素の量が増えます。すると、海中の魚が活発に活動するようになり、餌への食いつきもよくなるのです。

また、潮流によって海中のプランクトンが流されるようになります。遊泳能力をほとんど持たないプランクトンは、流れがないと広く散ってしまいます。そうするとプランクトンを捕食する小さな生物、それを食べる小魚などは特定の場所に集まらず、結果として魚たちは餌にありつきにくくなってしまうのです。魚たちはそのようなことを本能的に知っているのか、潮の流れがないときには活性が下がってしまいます。逆に、潮流があるときには魚の活性が上がり釣れやすくなるのです。

最後に、潮流がないときの釣りについてです。たしかにこれは釣れにくいタイミングかもしれませんが、工夫次第で釣果を上げられるようです。

潮流がないときには餌をあまり動かさない方がよいとされます。これは、魚の活性が下がっているためです。活性が下がっている魚たちは、活発に泳ぎ回る餌を追いかけようとしないのかもしれません。

また、潮流がないときには深いところを狙うのがよいとも言われます。活性が下がった魚たちは、敵に狙われる危険を冒してまで餌を求めようとしません。敵の少ない深いところでおとなしくしていのるのです。

他にも、リアクションバイトを狙うなど、いろいろな手段が考えられます。餌を狙うつもりがなかった魚でも、近くで何かが急に動くと反射的に食いつくのがリアクションバイトです。リアクションバイトを狙うには、餌をゆっくりとした動きから速い動きへ急に切り替えるなどのコツがあります。

潮の流れを知り、潮の流れと上手くつきあうことで釣果を大きく変えることができるかもしれません。

2

投げ釣りで飛距離を出すための方法とは？

沖合にいるキスやカレイといった魚を海岸沿いの浜辺にいながら釣ることができるのが、「投げ釣り」です。投げ釣りでは、仕掛けを100メートル以上も遠投することもあります。仕掛けを投げることを「キャスティング」と言い、その飛距離を競う大会も開催されています。投げ釣りはスポーツ的な側面も持っているのです。

キャスティング

さて、投げ釣りで飛距離を出すためには重要なポイントがあります。投げ出す角度と釣り竿の長さです。この2つの要素によって、キャスティングの飛距離が大きく変わります。

今回は、なるべく遠くまでキャスティングするためのポイントについて、物理的に考えてみたいと思います。まずは、投げ出すときの角度について考えます。これについては、例えば野球のボールを投げるときも同じです。ボールがどのくらい遠くに着地するかは、もちろん投げ出す速さによりますが、速さが同じでも投げ出す向きによって飛距離は変わります。具体的に計算してみましょう。

ある地点からボールを速さ v_0 で、水平方向から角度 θ の向きに投げ出すとします。ボールはその後、放物線を描いて飛んでいきます。

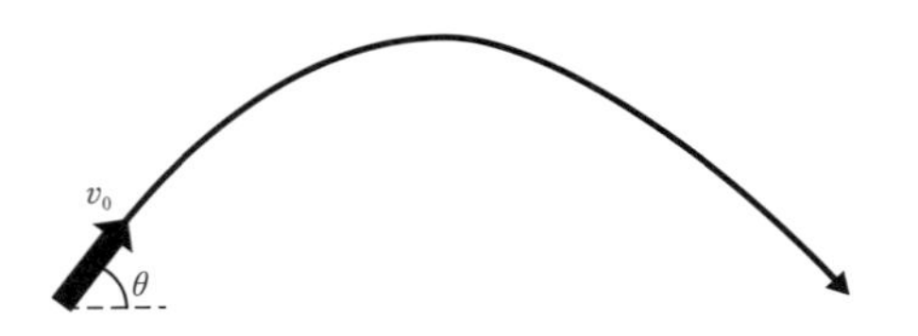

これは、ボールに重力がはたらくためです。もしもボールが無重力の宇宙空間で投げ出されたなら、放物線を描くことはありません。何も力を受けないボールは、直進を続けることになります。

重力を受けることで、ボールの速度に変化が生じます。このことは、13ページで説明した運動方程式から理解できます。力を受ける物体には、その力の向きに加速度（速度の変化）が生じるのでした。つまり、ボールの速度は重力の向きに変化するのです。

重力がはたらく方向のことを「鉛直方向」と言います。そして、それに直交する方向を「水平方向」と言います。ボールの速度を鉛直方向と水平方向の成分に分けて考えると、鉛直成分だけが変化して水平成分は変化しないことになるわけです。

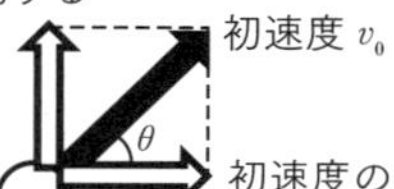

初速度の水平成分の大きさは $v_0 \cos\theta$ であることが図から分かります。ボールは、着地するまでずっと水平方向にはこの大きさの速度で運動することになります。よって、投げ出されてから着地するまでの時間を t とすると、ボールが水平方向に運動する距離（すなわちボールの飛距離）は $v_0 \cos\theta \times t$ と表せます。

ここで、着地するまでにかかる時間tはボールの鉛直方向の運動を考えることで求められます。ボールの初速度の鉛直成分の大きさは$v_0 \sin\theta$であることが、やはり図から求められます。そして、その後ボールは重力を受けるため速度の鉛直成分は変化していきます。重力によって生じる加速度を「重力加速度」と言い、地上ではおよそ$9.8\mathrm{m/s^2}$の値であることが分かっています。これは、1秒経つごとに速度が鉛直下向きに$9.8\mathrm{m/s}$ずつ増加することを示します。

重力によって、ボールの速度の鉛直成分は変化していきます。投げ出されるときには鉛直上向きに大きさ$v_0 \sin\theta$であったのが、もとの高さに戻るとき（すなわち着地するとき）には鉛直下向きに大きさ$v_0 \sin\theta$となります（空気抵抗の影響を無視する場合）。着地時には速度の鉛直成分がスタート時と逆向きで同じ大きさになっているのです。

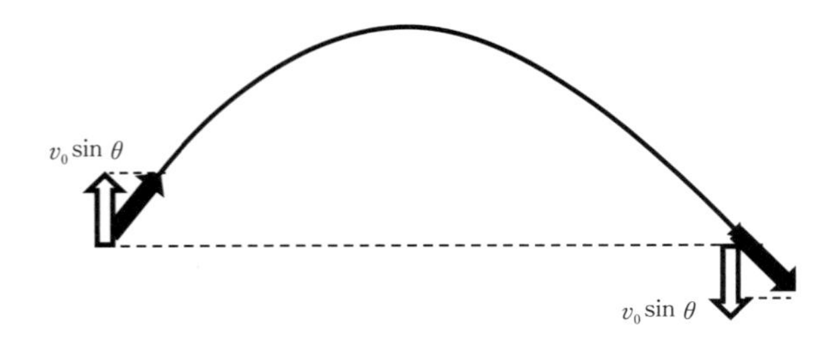

よって、スタートから着地までの速度の鉛直成分の変化量は（鉛直下向きに）

$$v_0 \sin\theta - (-v_0 \sin\theta) = 2v_0 \sin\theta$$

だと分かります。この変化のペース（1秒あたりの変化量）

を表すのが重力加速度ですから、速度の変化量を重力加速度で割ることで変化にかかる時間が求められます。すなわち、重力加速度の大きさを g と表すと、

$$着地までにかかる時間\ t = \frac{2v_0 \sin\theta}{g}$$

ということです。

このように、ボールの鉛直方向の運動を考えることで着地するまでにかかる時間 t を求められました。そして、この値を使えばボールの飛距離が次のように求められます。

$$ボールの飛距離\ \ v_0 \cos\theta \times t = v_0 \cos\theta \times \frac{2v_0 \sin\theta}{g} = \frac{2{v_0}^2 \sin\theta \cos\theta}{g}$$

これで、ボールの飛距離を初速度の大きさ v_0 と投げ出す角度 θ を使って表すことができました。ここからまず、ボールの初速度が大きいほど飛距離が大きくなることが分かります。これは当然と言えますが、飛距離が初速度の２乗に比例して変化する（例えば初速度の大きさを２倍にすると飛距離は４倍になる）といった関係も分かります。

そしてもう１つ、投げ出す角度によって飛距離が変わることも分かります。ここで、$\sin\theta$ と $\cos\theta$ の両方が含まれたままでは考えにくいので、三角関数の公式 $2\sin\theta \times \cos\theta = \sin 2\theta$ を使って次のように変形しましょう。

$$\frac{2{v_0}^2 \sin\theta \cos\theta}{g} = \frac{{v_0}^2 \sin 2\theta}{g}$$

すると、$\sin 2\theta$ の値が最大となるときに飛距離が最大になることが分かります。$\sin 2\theta$ は $2\theta = 90°$ のとき、すなわ

ち $\theta = 45^\circ$ のときに最大になります。よって、ボールを遠くまで飛ばすには水平方向から 45° の向きに投げ出すのがベストであると分かるのです。

以上のことは、投げ釣りにも当てはめて考えることができます。遠投するときには、仕掛けを水平方向から 45° の向きに投げるのがよさそうです。

仕掛けを水平に近い方向に投げるほど、水平方向へ進もうとする速度は大きくなります。しかし、すぐに着水してしまうため結果的に飛距離が伸びないのです。逆に鉛直上向きに近い方向に投げると、着水までの時間は長くなりますが水平方向へ進もうとする速度が小さいため、やはり飛距離は伸びません。最もバランスがよいのが、45° の向きだというわけですね。

ただし、ここまでの計算では風や空気抵抗の影響を考えていません。特に、ルアーの形状によって空気抵抗の受け方は変わります。実際にはこういったもののために最適な角度は多少変わりますが、概ね 45° の向きに投げ出すのがベストと言えるでしょう。

ここまでは、投げ釣りで飛距離を出すための投げ出す角度について考えました。続いて、飛距離を出すためのもう1つのポイントへ進みます。釣り竿の長さです。これについては、ズバリ長い竿を使うほど飛距離を出しやすくなります。

これには大きく2つの理由があると考えられます。1つめは、竿が長いほど仕掛けのスタート地点と着水地点の高低差が大きくなることです。先ほど投げ出されたものの飛距離を求めたときには、スタートと着地点を同じ高さとして考えました。これが、着地点の方が低い位置にあったら投げ出されたものはより長い時間運動することになります。運動する時間が長いほど水平方向への移動距離も長くなり、飛距離が伸びることになるのです。

仕掛けは、釣り竿の先端付近から飛び出します。よって、竿が長いほど仕掛けのスタート地点は高い位置となり、着水までの時間が長くなるのです。

もう１つ、竿が長いほど仕掛けが投げ出されるときの速度が大きくなることも飛距離を伸ばすことにつながります。釣り人は竿の根元部分を持ち、竿を回転させます。これによって、竿の先端付近から飛び出す仕掛けに速度が生まれます。

このとき、釣り竿を速く回転させるほど仕掛けが飛び出す速度が大きくなることが分かると思います。そして、それだけでなく竿が長いほど仕掛けの速度は大きくなるのです。このことは、次の図で理解できます。

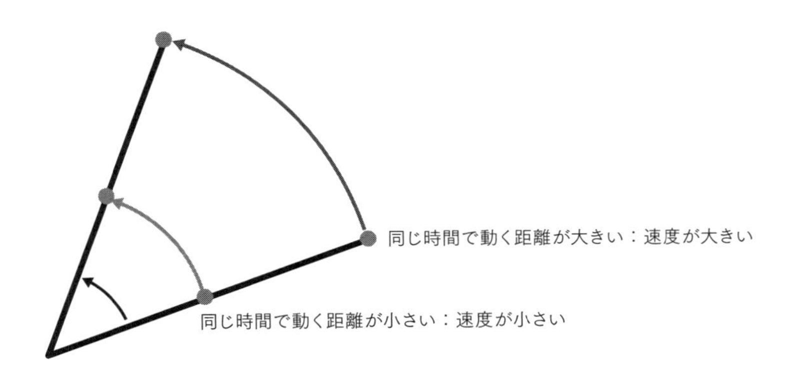

飛び出す仕掛けの速度は、回転の軸（竿の根元）からの距離に比例して大きくなるのです。このことから、長い竿を使うことでより速く仕掛けを飛び出させることができると分かります。

先ほど説明した通り、飛距離は飛び出す速度の2乗に比例して大きくなります。長い竿を使って大きな初速を生み出せれば、飛距離を伸ばせます。ただし、仕掛けを投げ出す人が感じる負荷は、竿が長くなるほど大きくなります。そして、かかった魚と格闘するときに受ける負荷も大きくなります（71 ～ 72ページ参照）。そういったことも考慮して、竿の長さを抑えて初速をしっかり生み出すなど、自分に合った釣り竿を選ぶことが大切になるでしょう。

3

魚の口の形を知らないと釣果が上がらない?

釣りは、魚に餌（ルアー）をくわえてもらうことで成り立ちます。餌に食いついてもらえなければ、釣りになりません。

魚は口で餌をくわえます。当たり前のことですが、このことから魚の口の形について知ることが釣果につながることが分かるのです。そこで、今回は魚の口の形に合わせた釣り方を考えてみます。

生物の口の形は実にさまざまです。例えば、同じ哺乳類でも食性などの違いから口や顎（あご）の形にはいろいろあります。ライオンなどの肉食動物の場合には、獲物を引きちぎったり引き裂いたりするための尖った門歯や鋭い犬歯（牙）が、前方についています。すりつぶしたりかみ砕いたりするための歯は奥の方にあります。捕まえた獲物を押さえつけて嚙み切るのに、便利な構造になっているのです。

また、丈夫な顎がありますが、顎は上下にのみ動く構造になっています。これは、草食動物が食べ物をすりつぶすために顎を前後左右に動かせるのと、対照的です。ウマなどの草食動物の場合は、食べ物をすりつぶしやすいよう平らな形をした臼歯が発達しています。特に、消化しにくいセルロースを含む草を食べる動物は、しっかりとすりつぶす必要があります。

ちなみに、ヒトなど動物と植物の両方を食べる動物では、肉食動物と草食動物の中間型の特徴となっています。嚙み切ったりかみ砕いたりするための歯と、すりつぶすための歯をバランスよく持っているのです。

それでは、魚について考えましょう。

魚の歯も、種類によって大きく違います。例えば、嚙みついて餌を捕えるタチウオには鋭い歯があります。かなり鋭い切れ味を持っているので、タチウオを釣り上げたときには注意が必要です。一方、例えばアジやブリの口は大きいですが、鋭い歯はありません。これらは餌を吸い込んで丸呑みするためです。

タチウオの口　© TOMO - stock.adobe.com

アジの口　© Reika - stock.adobe.com

口の大きさも、魚によってさまざまです。例えばヒラメとカレイは体の形はよく似ていますが、口の大きさは全然違います。小魚を食べるヒラメの口は大きく（鋭い歯もついています）、ゴカイやイソメなどの虫エサを食べるカレイの口は小さくなっています。

ヒラメの口　© eyeblink - stock.adobe.com

カレイの口　© sarururururu - stock.adobe.com

上記はほんの一例ですが、魚の口には大きな違いがあることが分かります。

このことから、釣りでは狙う魚の口に合わせて餌を投入する必要があることが分かります。特に、口が小さな魚を狙うときにはそれに合わせて小さな餌を準備する必要があるでしょう。

ここで、魚の口の形について考えてみます。魚の口の個性は大きさや歯だけでなく、形もさまざまです。

例えばサヨリの口には、下あごが極端に長く上あごは短いという特徴があります。サヨリは海の表層に漂う餌を食べる魚です。この捕食に有利になるよう、上向きの形の口へと進化したのでしょう。

サヨリの口　© uckyo - stock.adobe.com

スズキ、メバルなど他にも口が上向きの形をしている魚はたくさんいます。これらを狙うときには、餌を深いところへ入れず浅いところを狙う方が釣果が上がりやすいでしょう。

対照的に、口が下向きの形をしているものもいます。次の写真はアマダイの口ですが、上あごの方が長いことが分かります。

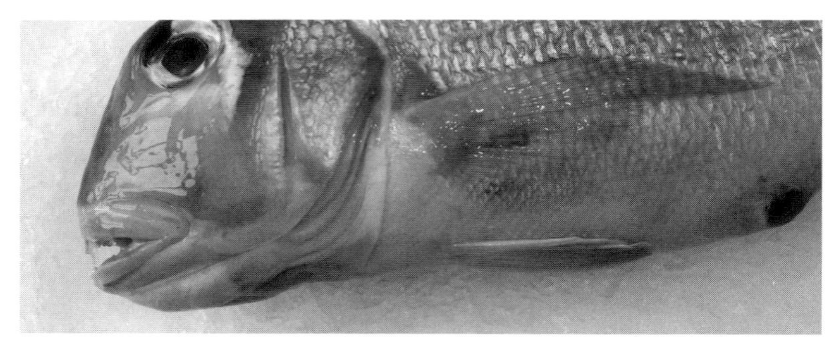

アマダイの口　© GCP - stock.adobe.com

コイ、キス、メジナなども、同様に下向きの形をした口を持ちます。これらは、海底近くにいる獲物を捕えているのです。よって、これらをターゲットとするときには餌を深いところまで沈める方がよさそうです。

そして、上下のあごの長さが同じくらいで口が正面を向いている魚もいます。マグロ、カツオ、ハマチなどです。

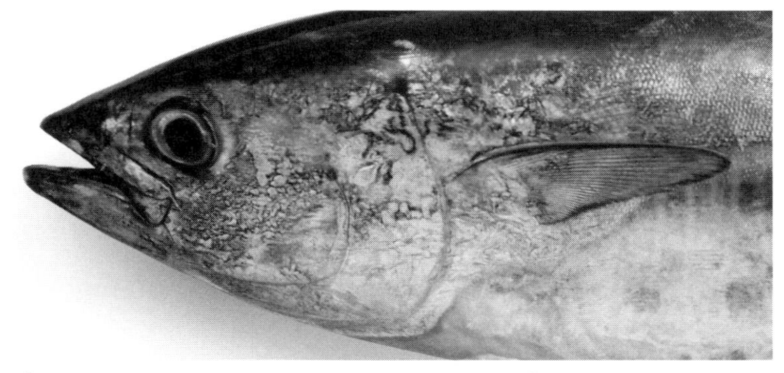

マグロの口　　© funny face - stock.adobe.com

これらの魚は、泳いでいる魚を正面から狙っていくわけです。よって、口が正面を向いている魚を狙うときには餌にスピードを与えるのが有効だと考えられるわけです。

今回は、狙う魚の口の形に合わせてどのように狙い方を変えたらよいか考えてみました。口の形からその魚の捕食行動を知ることが、釣りのヒントになります。

ただし、餌を投入するベストな深さはこれだけで判断できるわけではありません。そもそも、狙う魚がいるところに投入しなければ釣果は上がりにくいでしょう。魚の居場所（深さ）は、魚の活性によって変わると言われます。魚が活動する時間帯は、魚種によって違います。ベラ、カワハギなど昼間に活動する魚もいれば、アオリイカやタチウオなど夜間に活動する魚もいます。そして、魚は活性が上がると餌を求めて高いところへ移動することが多くあります。こういった魚の特徴を踏まえて、狙いの魚に適した深さに餌を投入するのがよさそうです。それは、釣りを行なう時間帯によっても変わってくるということです。

ところで、せっかく釣り上げた魚の口が「口切れ」を起こしてしまうことがあります。アジ、アマダイ、メダイなど口が弱く切れやすい魚は多くいます。

口切れを起こさないためには、慎重に釣り上げることが求められます。焦って急に釣り上げようとするほど、口切れが起こりやすくなってしまうのです。

この理由は、13ページで説明した運動方程式で理解することができます。運動方程式からは、物体を大きく加速させる（急激に速度を変化させる）ときほど大きな力が必要だと分かります。魚をゆっくりと引き上げるときには、魚に生じる加速度が小さくなります。それに対して、急に引き上げると加速度が大きくなるのです。そのときには、必然的に魚の口に強い力が加わることになってしまうのです。

また、魚を急に釣り上げようとすることは、魚がくわえた釣り針の変形にもつながります。これは、「作用反作用の法則」から理解できます。釣り針から魚に大きな力が加わるとき、同時に魚から釣り針にも大きな力が加わるのです。大きく変形してしまっては、次の釣りに使えなくなってしまいます。

さらに、急に魚を釣り上げるときの強い力は、ラインにも加わります。ラインは簡単に切れないものではありますが、どれだけの負荷に耐えられるかを表す強度には限界があります。その値はラインの種類によって違いますが、限界があるのは釣り人の安全を守るためでもあります。ラインの力は、釣り人にもかかることになるからです。魚を急に釣り上げようとするほど、このラインの強度限界を超える可能性が高くなります。そのときには、せっかくかかった魚を釣り上げることはできなくなってしまいます。

このように、魚を慎重に釣り上げることにはいくつもの意味があるのです。ただ、「慎重に」と言葉で表すのは簡単ですが、本当に慎重に釣れるようになるには経験値が最も大切なのかもしれません。

4

隠れているつもりでも魚には見えている？

球形のレンズを備えた魚の眼は、広い範囲にわたって多くのものを見ているようです（148ページからの「魚にピント合わせは不要？」参照）。実は、このことが魚の身体の色にも影響しているようなのです。どういうことでしょう？

特に海の魚には、腹の方は白く背の方は黒いものが多くいます。これが、広い範囲を見渡す敵から見つかりにくくなるのに有利なのです。日中に海の中で上方を見ると白っぽく見え（日光のため）、下方を見ると黒っぽく見えます（海中に光はほとんど届かないため）。つまり、腹が白ければ下から見られたときに見つかりにくく、背が黒ければ上から見られたときに見つかりにくいというわけです。進化の過程で、敵に見つかりにくい魚が増えてきたのでしょう。

魚にとって、視覚は重要なものであるようです。そのため、釣り人は岸などの釣り場へ近づくときにはできるだけ自分の姿が魚に見えないようにしたいものです。もしも岸の近くに魚がいた場合、釣り人の姿を目にして逃げてしまうかもしれません。

そこで、例えば次のように姿勢を低くして岸に近づく方法が考えられます。

これなら、岸の近くにいる魚からは釣り人が見えなくなりそうです。

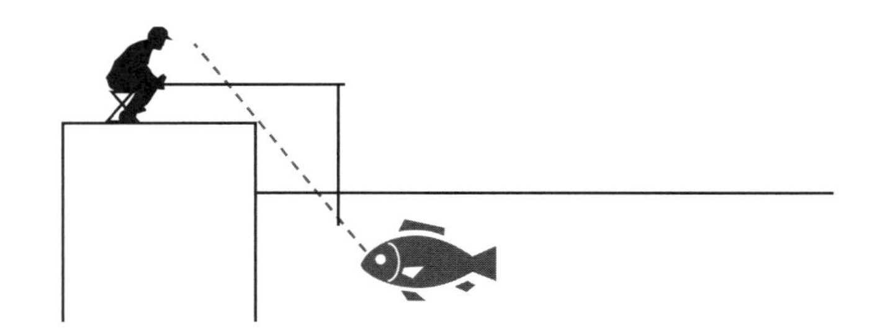

ところが、そう単純ではないのです！ 姿を隠したつもりでも、魚から見えてしまうことがあるのです。それは、光が空気中から水中へ進むときには屈折するからです。光の進行方向が変わるのが「屈折」です。

空気中から水中へ進む光は、水面で次ページの図のように屈折します。

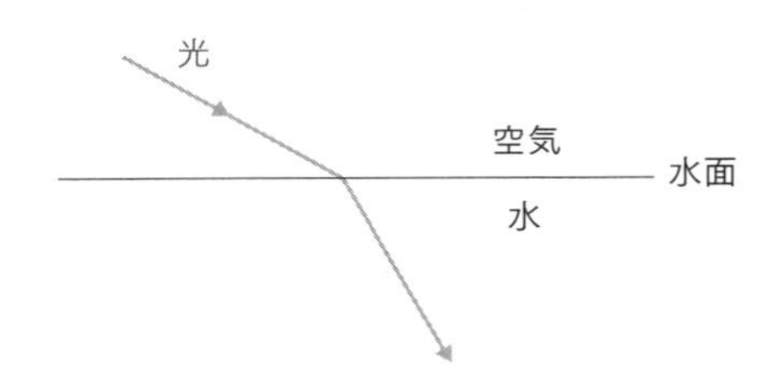

そのため、次のように釣り人が魚に見つかってしまう可能性があるのです。

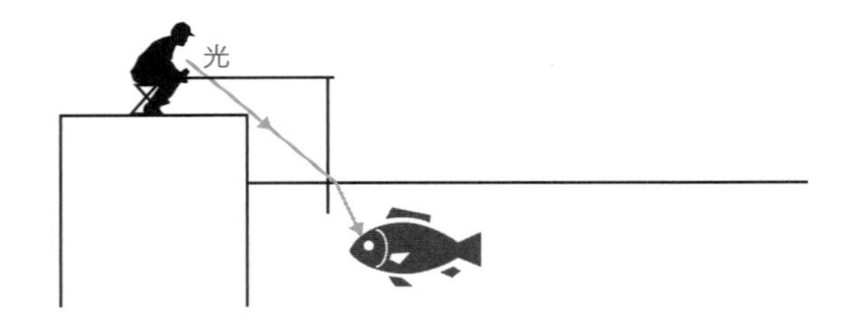

それでは、釣り人はどこまで姿を隠せば魚に見つからないのでしょう？ これは、光は進行方向が逆になっても同じ経路を進むことをもとに考えられます。

上の図では空気中から水中へ進む光の経路を示しましたが、光が水中から空気中へ進む場合も同じ道を通るのです。

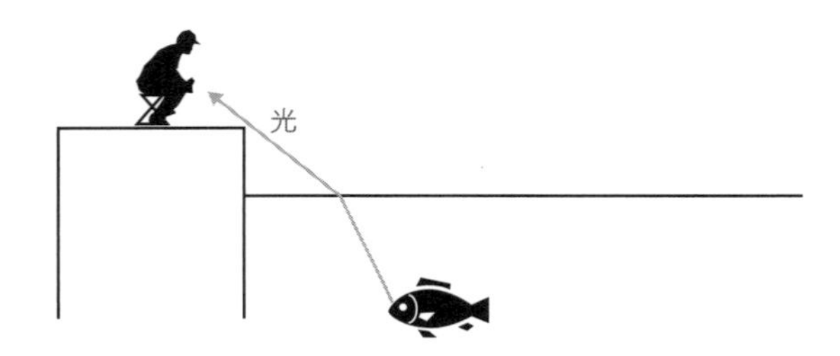

ここから、釣り人から見える魚には釣り人の姿も見えていることが分かります。よって、釣り人は魚が見えなくなるくらいに姿を隠せば、見つからない可能性が高くなるというわけです。

なお、このように光が屈折することで魚は実際より浅いところにいるように見えます。次の図の通りです。

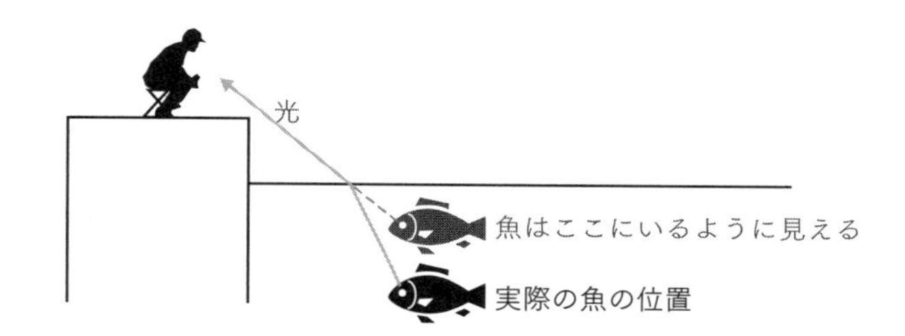

さて、水中の魚はこのように見えそうですが、実際には水面で反射する太陽光が強いと、なかなか見えません。そこで利用されているのが偏光グラスです。

偏光グラスは見た目はサングラスと似ていますが、仕組みが異なります。偏光グラスはサングラスと違い、特定の方向に振動する光である「偏光」だけを遮るものなのです。

光には波の性質があり、次のように振動しています。

太陽光のような自然光には、あらゆる方向に振動する光が含まれています。しかし、これが水面で反射すると、

決まった方向にだけ振動する偏光になるのです。

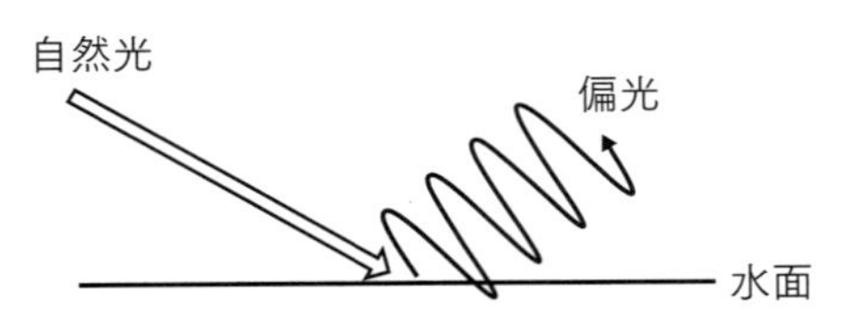

このとき水中の魚から来る光は偏光にはなっていません。そのため、偏光グラスは水面から反射してくる偏光だけを遮ってくれるのです。よって、偏光グラスをかけている人には水中の魚は見えるまま、水面からの反射光（偏光）が見えにくくなるのです。その結果、水中の魚が見えやすくなるというわけです。

話を戻します。光が水面で屈折するのは、光が波だからです。屈折は、波に特有な現象です。

156ページからの「魚が聴いている音とは？」で説明しますが、音も波です。そのため、音も水面で屈折するのです。

ただし、音と光では屈折の方向が次のように異なります。

光の屈折

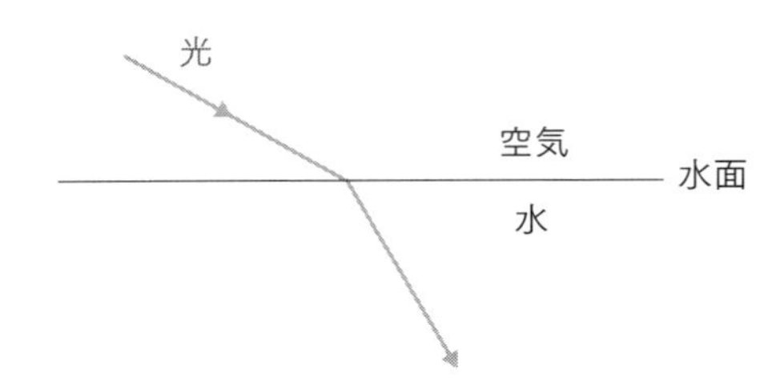

音の屈折

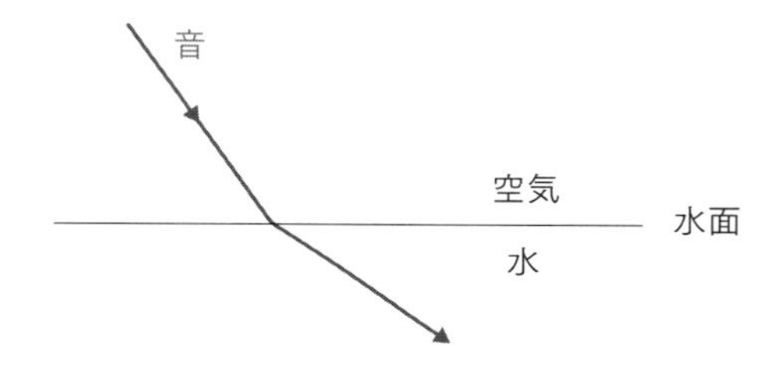

このように屈折の方向が異なるのは、音波の場合は空気中より水中を速く進むのに対し、光の場合は水中より空気中を速く進むためです。

空気中から水中へ進む音は、上の図のように進みます。そのため、水中のより離れたところまで伝わっていくように思えます。

ただし、水面に差し込む音波の進行方向が水平に近づくと、「全反射」と呼ばれる現象が起こります。上の図では屈折して水中に進む音波を示していますが、音波のすべてが水中に進むわけではありません。水面では反射する音波も多くあります。

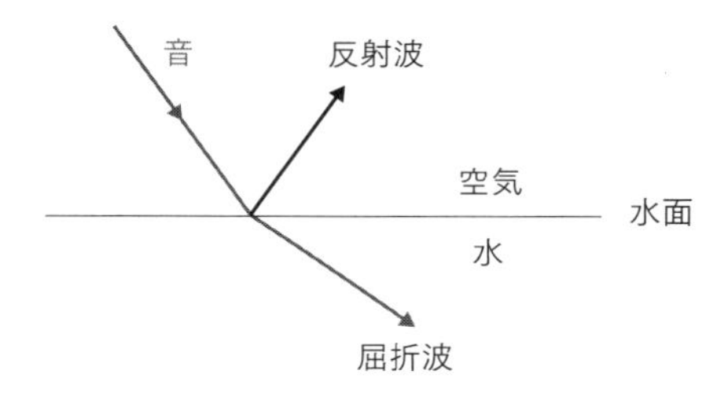

そして、音波の進行方向がより水平になると、あるところで屈折波が存在しなくなってしまうのです。

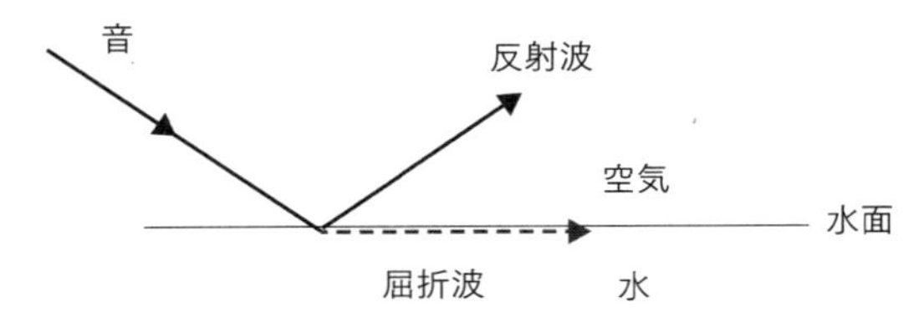

（計算上、屈折した音波が水面に沿って進むようになったとき）

水面に差し込む音波の進行方向が図よりも水平になると、水中へ入れる音波がなくなってしまうことが分かります。そのときには、音波はすべて水面で反射するのです。これが「全反射」です。

空気中から遠方へ向かって進む音波は、水中へ入れなくなってしまうことが分かります。このことは、空気中の離れたところで発せられた音が水中で聴こえにくくなる一因となります。

釣りをするとき、魚から離れているときには空気中で出す音はそれほど気にしなくてよいように見えます（ただし、そう単純ではないことを156ページからの「魚が聴いている音とは？」で述べます）。

今回は、釣り人が魚に見つからないよう姿を隠すことについて考えました。これは魚に逃げられないようにするためですが、場合によっては人の姿を見て魚が近寄ってくることもありえます。例えば池に人が近づくと、そこにいる魚は餌をもらえることを期待して集まってくることがあります。釣り人が姿を隠した方がよいのかどうか、実際には状況によって変わるでしょう。

Angler's Eye

釣りは魚と人とのだましあい

釣りの世界には、単に魚を釣る以上の深みがあります。それは、魚と人との間で繰り広げられる「だましあい」のドラマです。このやり取りは、単なる捕食者と獲物の関係を超えた、巧妙な知恵と技術の戦いです。

釣りの本質は、どれだけリアルで魅力的な餌を用意できるかにかかっています。釣り人は、魚が好む餌の動きや形状を模倣し、魚を引き寄せようとします。ルアーや餌のデザイン、カラー、アクションはすべて、魚の興味を引くための工夫です。しかし、魚も優れた防衛本能を持っており、自然界では怪しい動きや異常な光景に敏感に反応します。

釣り人は、ルアーや餌を使って魚をだますためにあらゆる工夫を凝らします。リアルな動きや音、光を使って、「これは本物の餌だ」と思わせるよう努力します。しかし、経験豊富な魚は、ルアーの動きや色の変化に敏感で、少しでも不自然な兆候を見逃しません。このため、釣り人は常に新しい戦略やテクニックを試し、技術を磨きつづける必要があります。

「だましあい」は一方的ではありません。時には魚が巧妙に釣り人の罠をかいくぐり、逆に釣り人が魚の策略に引っかかることもあります。こうした逆転劇が釣りの魅力の一部です。成功と失敗の間で揺れる緊張感が、釣りを単なる遊びではなく、深い知恵と技術の探究に変えます。

5

安全に釣りを楽しむために

この章では、釣りの方法について科学的な視点から考えてきました。釣りを楽しんでいる方にもそうでない方にも、意外な発見があったことと思います。

本章の最後に、釣りの安全について考えたいと思います。ここにも、科学が関わっているのです。

多くの人が楽しむ釣りを、安全に行なうことが何より大切です。残念ながら釣り中の事故はなくならず、毎年100人前後の人が亡くなったり行方不明になったりしています。釣りをするときにはどのようなことに気をつけたらよいのか、考えてみたいと思います。

• 海中転落

釣り中の事故で圧倒的に多いのが、海の中への転落です。岸壁で釣りを行なっている最中に足を踏み外して転落する、障害物に躓いて転落する、水を汲もうとしてバランスを崩して転落するなど、原因はさまざまです。

「落ちても泳げば何とかなるだろう」と思うかもしれませんが、そのような甘い考えは持つべきではありません。堤防に高さがあれば、這い上がるのも困難です。陸上に上がれない間に、体力はどんどん消耗してしまいます。また、落下時にどこかにぶつかって怪我をしてしまうことも考えられます。テトラポッドが並んでいる場所でその隙間に落ちてしまったら、這い上がるのがとても難しくなります。

釣りにはこのような危険があることを知っておかなければなりません。そして、転落しないように注意すると同時に、備えをするべきです。ライフジャケットの着用です。万が一海中に転落してしまった場合に、ライフジャケットを着用しているかどうかで身のこなしが変わります。また、ライフジャケットを身につけていると救助してもらいやすくなります。特に、小型船舶では国土交通省が承認した桜マークのあるライフジャケット着用が義務となっています。

なお、ライフジャケットは川釣りをするときにも大事なものになります。水難事故は、海だけでなく川でも起こっています。ライフジャケットの適切な着用が、事故を防いでくれることがあるのです。

さて、波にさらわれて海中転落してしまうこともあります。波の高さは、気象条件などによって大きく変わります。まずは、波の高い日を避けることが大事でしょう。事前に天気予報を見ておくことも必要です。

ただし、波が穏やかだからといって油断は禁物です。海水の流れは非常に複雑です。急に高い波がやってくることがあるのです。一定の頻度で、2倍ほどの高さの波もやってきます。

沖に背を向けると後方から波がやってくることになり、大変危険です。波の様子を窺(うかが)いながら、釣りを楽しむ必要があります。

・離岸流

波は沖から岸に向かって打ち寄せます。そのため、岸には海水が溜まることになります。このような海水が沖へ戻ろうとするとき、特定の場所に集まって強い流れを生み出すことがあります。「離岸流」と呼ばれるものです。

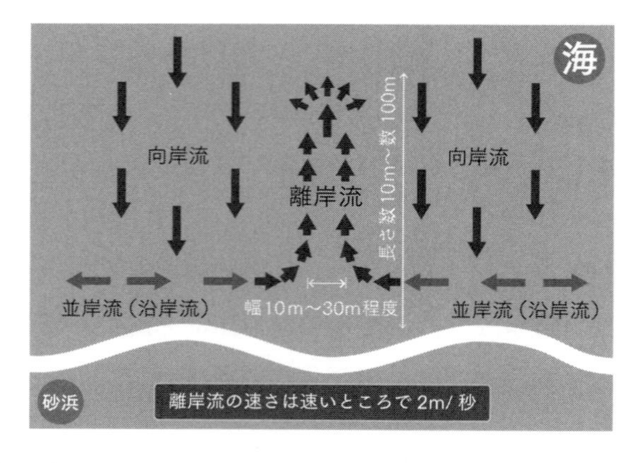

離岸流の速さは、秒速2メートルほどになることがあります。それほど速くないと思うかもしれませんが、水中でこの流れに逆らって泳ぐのは困難です。このような離岸流に流されてしまう事故も起こっているのです（釣りだけでなく、海水浴中に起こることが多くあります）。

離岸流に流されてしまった場合、流れに逆らって泳ごうとしても岸へ戻るのは困難で、その間に体力を消耗してしまいます。もしも離岸流に流されてしまったら、岸に平行に泳ぐことが大事です。つまり、離岸流から離れることが必要だということです。

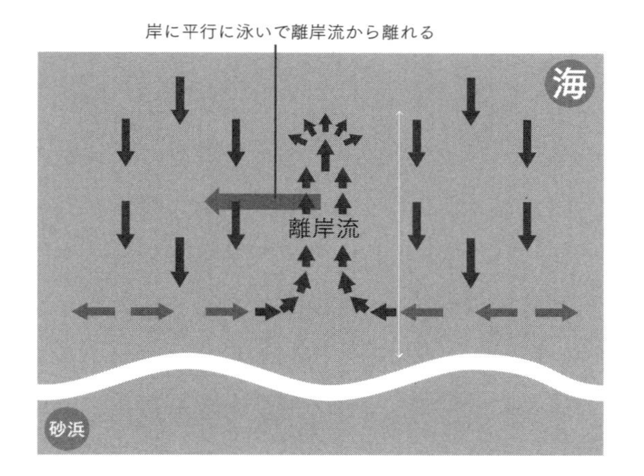

・鉄砲水

川で釣りを行なうときには、増水に注意しなければなりません。特に、水深のある広い川は魚がかかりやすい場所であることが多いですが、増水したときには岸へ戻るのが大変になります。

渓流では、突然増水することがあります。これは、山頂から遠いところではたくさんの支流から水が流れてくるからです。雨が降りはじめるとそれぞれの支流の水位が上昇し、それらが合流することで下流の水位が一気に高くなるのです。

山では、山頂に近いところから雨が降りはじめることがあります。その場合、上流側の水位が上がっているのに下流にいるために気づかないということが起こりえます。そのため、急に増水が起こることになるのです。

渓流釣りで特に恐ろしいのが、鉄砲水です。台風などの影響で倒木や土砂崩れが起こると、川の水が堰き止められることがあります。そして、多量の水が溜まって決壊が起こると、水が一気に流れるのです。

川釣りをするときには、以上のような危険に備えなければなりません。増水は急に起こることも多く、気づきにくいものです。まずは、その日だけでなく前日までの気象も確認することが必要です。また、上流から濁った水が流れてくるようなことがあれば、それは増水や鉄砲水の前兆かもしれません。さらに、水温が下がった場合も要注意です。上流で冷たい雨水が混ざっているために水温が下がっている可能性があるのです。これらのことに気を配りながら、安全を確保するのが大切です。

・落雷

釣りをするときには、落雷にも注意しなければなりません。近年は温暖化の影響で落雷が増加しているとも言われます。

落雷が発生したとき、釣り竿は避雷針と同じように雷を引き寄せるはたらきをしてしまいます。特に、周囲が開けた場所ではそうなります。また、炭素繊維強化プラスチックを素材とする釣り竿が使われることが多くなりました。炭素には電流を通しやすい性質があるため、落雷の危険がより大きくなります。落雷の危険があるときには、釣り竿から離れて身の安全を確保する必要があります。

さて、落雷は次のような仕組みで起こります。

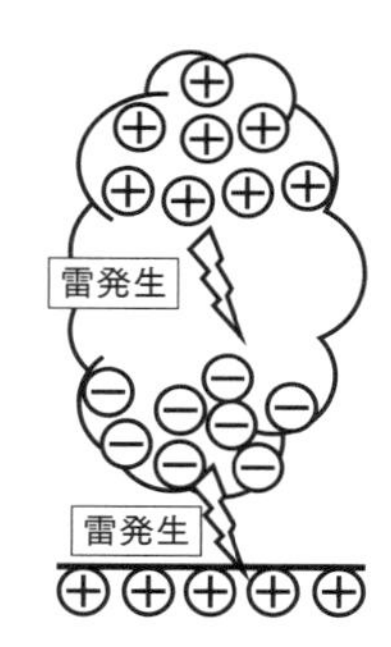

強い上昇気流によって、背の高い積乱雲ができます。上空の寒いところにできた積乱雲の中にはたくさんの氷の粒があり、それらが落下します。また、上昇気流によって上昇することもあります。このように積乱雲の中では氷の粒が動いており、互いに擦れあいます。この摩擦によって、氷の粒は電気を帯びるようになるのです。

その結果、積乱雲は上側がプラス、下側がマイナスに帯電します。すると、マイナスの電気の方が地表に近くなるため、これに引き寄せられて地表にプラスの電気が集まります。そして、プラスとマイナスの間で放電が起こるのが落雷なのです。

ちなみに、電気の流れは目に見えるものではありません。よって、稲光は電流とは違います。雷のエネルギーを受け取った空気が発する光が稲光なのです。

また、落雷時には大きな電流が流れることで空気が熱せられて膨張します。これによって周囲の空気が振動する、すなわち音が発生するのです。これが、「ゴロゴロ」という音です。

落雷が発生する直前には、地表にプラスの電気が溜まっていることが分かりました。このことが原因となって、釣り竿で火花が飛ぶことがあります。地表のプラスの電気の影響で、釣り竿が静電気を帯びるためです。

もしも釣り竿からバチバチという放電が見られたり、釣り竿を持つ手に違和感があったら、それは雷が発生しやすい状況が生まれている印かもしれません。用心をするべきです。特に船上で雷雲を見つけたら、竿を寝かせて雷雲から逃げる必要があります。

・釣り針

釣り針は、怪我のもとになりかねないものです。釣りをするときには、釣り針に注意を払うことも大切です。

釣り針による怪我を防ぐためには、以下のことに注意する必要があります。

まず、釣り場を裸足で歩いたり、裸足のまま海に入ったりするのは危険です。釣り場にも、海底にも、釣り針が残されている可能性があるからです。釣り場で座るときにも注意しましょう。

キャストするときにも気をつけなければなりません。振りかぶるときに後ろに人がいないか、気を配るべきです。また、誤って人がいる方向にキャストしてしまわないよう気をつけなければなりません。

魚が釣れた後にも、暴れる魚を扱う中で釣り針が指に刺さらないよう注意が必要です。特に、マグロのような大型魚用の釣り針には注意が必要です。サイズが大きく、強度があり、返し部も大きいので、誤って刺さったら大変です。釣り針を扱うときには細心の注意を払わなければなりません。

・魚をつかむとき

魚には、鋭い鰓（えら）や鰭（ひれ）があります。魚を触るときにはタオルやグローブを使うとよいでしょう。特に危険な魚には、鋭い歯を持つタチウオやウツボ、鰓蓋に鋭く尖った部分があるスズキ、顔の横の両側に鋭いとげがあるメゴチ、背びれに強い毒のあるハオコゼやゴンズイなどがいます。極力素手で触らないようにしましょう。

・高圧線や電線

釣りでは長い釣り竿を扱わなければなりません。釣り場の近くに高圧線や電線があると、釣り竿が触れてしまう危険があります。そのような場所での釣りは避けるべきです。

・火災

渓流釣りなどで、釣った魚をすぐに焼いて食べることもあるでしょう。その場合は、火の始末をきちんと行なわなければ、火災の原因になりかねません。

多くの人が楽しめるのが釣りです。だからこそ危険をよく知ってしっかり備え、楽しみつづけられるようにすることが大切です。

Angler's Eye

あきらめる勇気

釣りにはさまざまな危険が伴うため、安全対策は非常に重要です。しかし、いくら対策を講じても、100％の安全は保障されません。天気は急に変わることがあり、海や川ではその変化がよく見られます。急な落雷も珍しくありません。こうしたリスクに直面した際には、「あきらめる」勇気が最も大切です。危険な兆候が見られる場合には、「なんとかなるだろう」と楽観せず、早めに引き上げることが重要です。

また、釣り竿を持ったまま船や磯から海へ転落する事故も依然として発生しています。このような場合、高価な道具であっても安全を最優先に考え、道具を手放すべきです。道具を守ろうとして命を落としてしまっては、本末転倒です。

さらに、釣れない日には無理に続けるよりも、早めに納竿するのも一つの選択肢です。

「なぜ今日は釣れないのか？」と考えたところで、必ずしも答えが分かるわけではありません。

釣りは自然が相手であり、その予測は難しいものです。自然のすべてを知ることはできませんが、安全を最優先にし、柔軟に対応することが大切です。

第3章
魚の身体にまつわる科学

1

魚にピント合わせは不要？

私たちは、水中ではものをハッキリ見ることができません。これに対して、魚は水中でもものが見えているようです。魚の眼は人間とどう違うのでしょう？ 今回は魚の眼の構造やものの見方について考えてみましょう。

子どもの頃に、虫眼鏡を使って紙の黒く塗ったところを焦がす実験をしたことがある方は多いと思います。虫眼鏡のレンズによって光が集められ、光が集中して当たる部分の温度が高くなるのです。

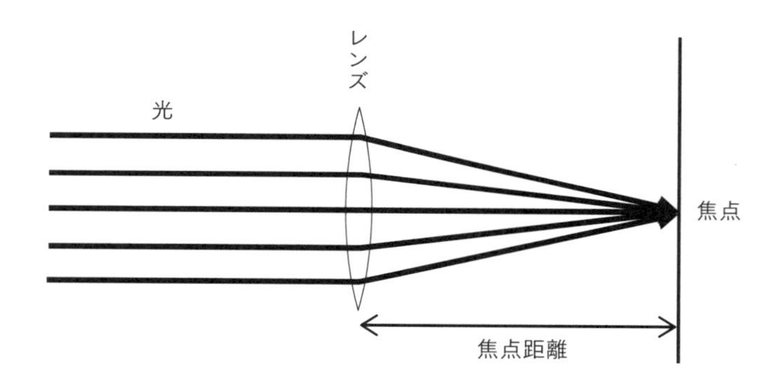

図のように平行に進んできた光が一点に集まるとき、その点をレンズの「焦点」と呼び、レンズから焦点までの距離は「焦点距離」と呼ばれます。

さて、私たちの眼の中にある水晶体は虫眼鏡と同じはたらきをします。離れたところから来る光を集めることで、像を作るのです。このとき、ちょうど網膜の位置に像ができればものをぼやけずに見ることができます。

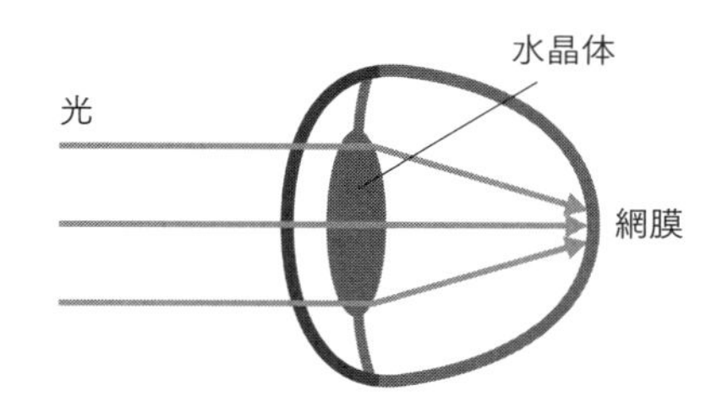

上の図では、遠くのものを見る場合の光の屈折の仕方を示しています。近くのものを見るときには、光は眼に対して広がるように進んでくるはずです。その場合、網膜上に像が作られるには光

が次のように屈折する必要があります。

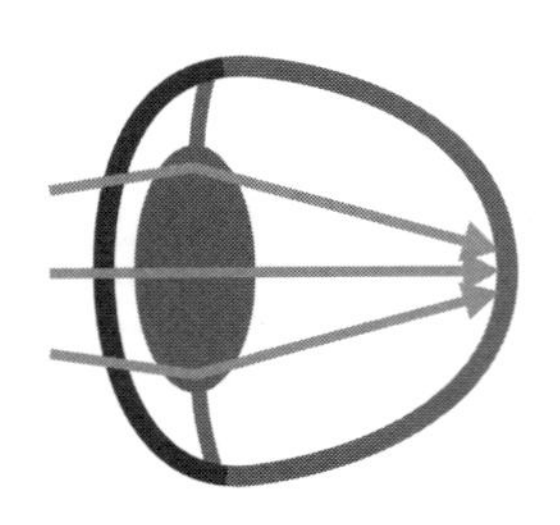

2つの図を比べると、近くのものを見るときの方が光を水晶体で大きく屈折させる必要があることが分かります。

これを可能にするために、水晶体は変形します。水晶体の厚みが増して球形に近づくほど、光を大きく屈折させるようになります。近くを見るときには、無意識のうちに水晶体が厚くなっているのです。

なお、水晶体の厚みを変えるのは水晶体とつながっている毛様筋という筋肉です。毛様筋が伸縮することで水晶体の形が変わるのです。

以上は、私たち人間のピント合わせの仕組みです。実は、魚はこれとは異なる方法でピント合わせをしているのです。

人間の眼に飛び込んできた光が大きく屈折するのは、角膜、水晶体、硝子体といったものの屈折率（角膜：約 1.37、水晶体：約 1.43、硝子体：約 1.33）が空気の屈折率（約 1）と大きく異なるからです。屈折率の差が大きいものどうしの境界面で、光は大きく屈折するのです。

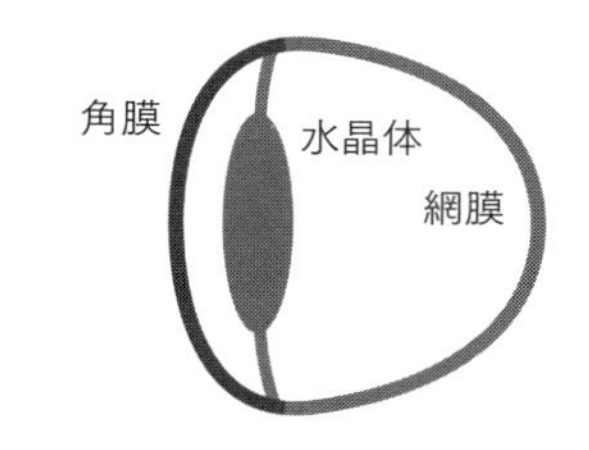

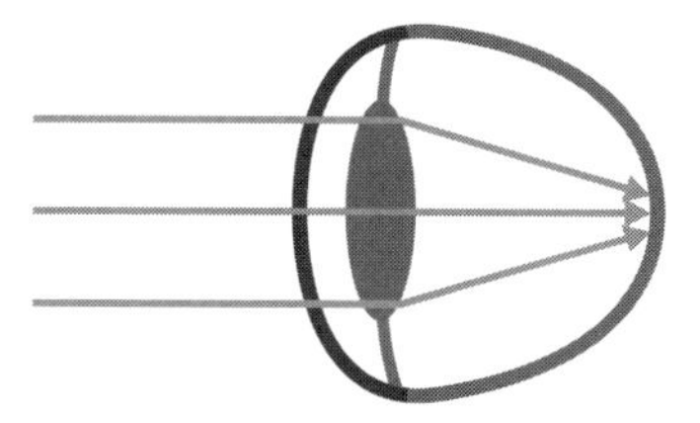

私たちは空気中ではものをハッキリ見ることができますが、水中では困難ですね。これは、水の屈折率（約 1.33）が角膜、水晶体、硝子体といったものの屈折率と非常に近い値だからです。水中に潜ったときには眼が水と直接触れることになり、水中から飛び込んでくる光はほとんど屈折しないのです。

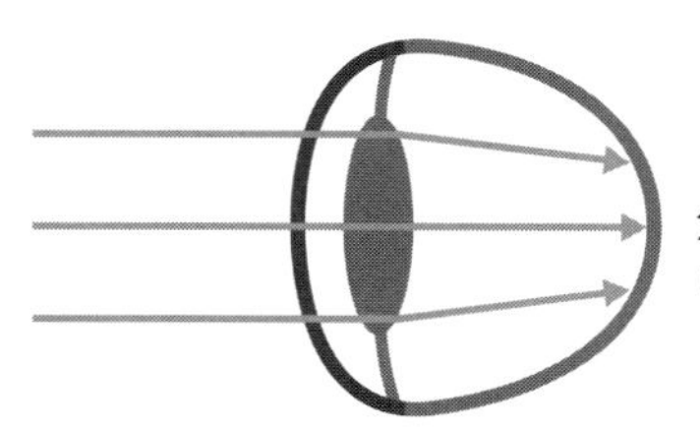

すると、網膜上に像ができなくなってしまいます。水中ではぼやけた像しか見られなくなってしまうのです（水中メガネをかければ、眼が直接水と触れなくなるため、ハッキリ見られるようになります）。

水中でものがぼやけて見える理由が分かりましたが、では魚はどうなのでしょう？　魚はいつもぼやけた像を認識しているのでしょうか？

そうではありません。魚の眼の構造自体は人間と同じですが、水晶体の形が大きく異なります。魚の水晶体は球形です。そのため、屈折率の値が近い水と接していても、光を大きく屈折させられるのです。そして、網膜上に像を作ることができるのです（魚の眼の中に球形のレンズがあることは、焼き魚や煮魚を食べるときを思い出せば分かると思います。白く濁っているのは熱を加えたためであり、もともとは透明です）。

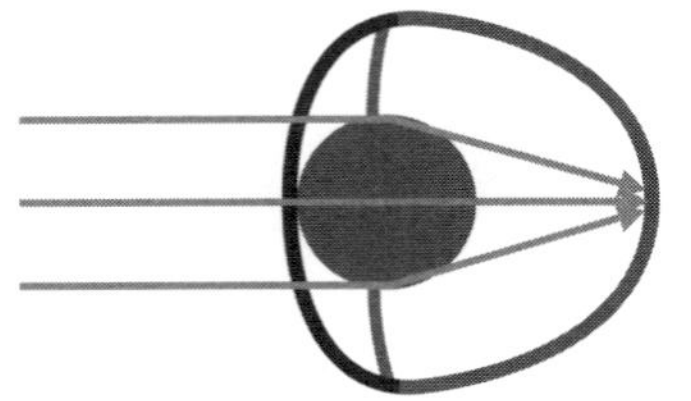

さて、球形の水晶体を持つ魚はどのようにピント合わせをしているのでしょう？ 球形の水晶体を球形から変形させれば、焦点距離が変わります。しかし、魚はそのようなことはしません。その代わりに、水晶体を動かすのです。網膜上に像ができれば、ものをぼやけずに視認することができます。網膜がちょうど水晶体の焦点の位置にあれば、網膜に像ができます。そのようになるために、魚は水晶体を動かしているのです。これは、デジタルカメラのピント合わせと同じ仕組みです。デジタルカメラのピント合わせでは、撮像センサーの位置に像ができるようにレンズが動きます。

そもそも魚の水晶体が球形をしているのは、水中でもよく見えるように進化した結果だと考えられますが、他にもメリットがあります。その1つが、広角をとらえられることです。球形の水晶体を持つ魚は、広い範囲を見渡せると考えられます。魚の水晶体は、虹彩から角膜側へ大きく張り出しています。

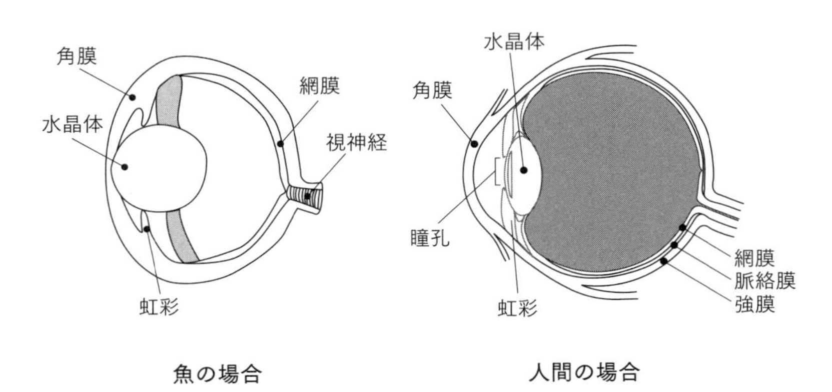

人間の場合、虹彩が伸縮することで瞳孔の大きさを変え、眼の中に入る光量を調節します。急にまぶしくなると瞳孔が閉じ、暗いところでは瞳孔が開きます。

これに対して、水晶体が虹彩より外側に飛び出ている魚では光量の調節が行なわれないのです。そして、飛び出た水晶体は広い範囲からの光をとらえます。水晶体は球形をしているため、広い範囲からの光を焦点の位置に集めることができ、像を作ることになります。

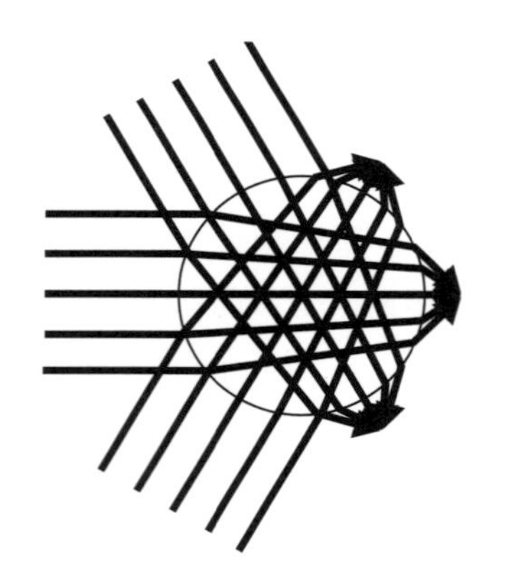

ただし、作られる像を認識するにはそこに網膜および視細胞がある必要があります。視細胞が集まっている位置は魚の種類によって異なります。

例えば、ブリやアジの場合、視細胞は眼球の下側に集まっています。このことから、ブリやアジは上側をよく見ることができると分かります。ブリやアジは、小魚を捕食します。泳いでいる小魚たちをその下側からとらえ、狙っているのですね。

一方、イワシやキビナゴといった小魚の場合は視細胞が広い範囲に広がっています。これらは、広い範囲を見渡せるのだと分かります。下側からはブリやアジといった大きな魚に狙われ、空中からも海鳥から狙われる小魚たちは、周囲を見渡して敵の接近を警戒しているのです。

ところで、広い範囲を１枚の画像に収められるカメラの魚眼レンズは、通常のレンズに比べて球に近い形をしています。魚の水晶体が広い範囲をとらえるのと同じです。ただし、「魚眼レンズ」という名称の由来は、画像の歪みにあるようです。魚眼レンズで撮影された写真では、中心から離れたところが大きく歪んでいます。これが、水中にいる魚が上方を見上げたときに得られる視覚と似ているのです。光が空気中から水中へ入ってくるときには、屈折します。そのため水中からは上空が歪んで見えるのです。

ちなみに、爬虫類であるヘビはおもに陸上で生活しますが、魚と同じようにピント合わせをしていることが分かっています。水晶体を変形させるのでなく、前後に動かしているのです。これは、爬虫類の中でもヘビだけが持つ特性です。

また、カメやラッコなどは水中に潜ったときにだけ水晶体を球形に近づけることができます。これらは、水陸両用の眼を備えていると言えます。

2

魚が聴いている音とは？

釣り人が釣り場へ向かうとき、魚に警戒されないように近づきたいものです。せっかく魚が集まっていても、逃げられてしまってはどうしようもありません。

さて、魚が釣り人の存在に気づくとしたら何がきっかけとなるのでしょう？ 水中へ差し込む日光を人が遮ったり、人の存在自体が視認されたりすることもあるでしょう。広い範囲を見渡すことができる魚の眼は、意外と多くのものを見ているのです（130ページからの「隠れているつもりでも魚には見つかっている？」参照）。これに加えて、魚はしっかりと音を聴いています。「魚には耳がないから、何も聴こえていないのでは？」と思われる方もいるかもしれません。たしかに、魚には耳たぶも耳の穴もありません。それでも、音を聴く器官は備わっています。

魚の頭の中には、一対の内耳があります。

内耳の中には耳石があり、これは動毛や不動毛で支えられています。そして、耳石が動くと動毛が刺激され、聴神経を通して脳

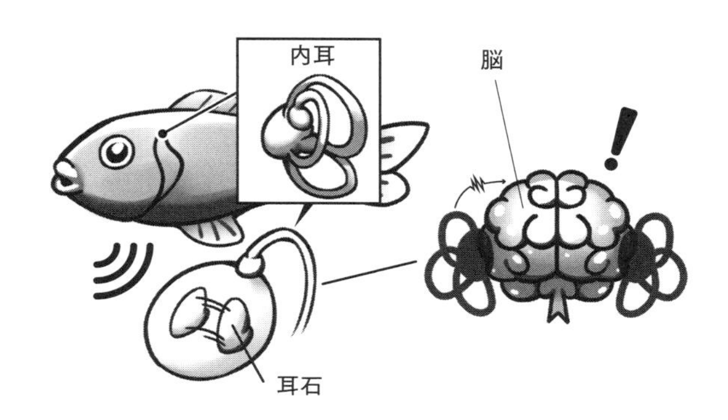

へ信号が送られるのです。これによって、音が認識されることになります。

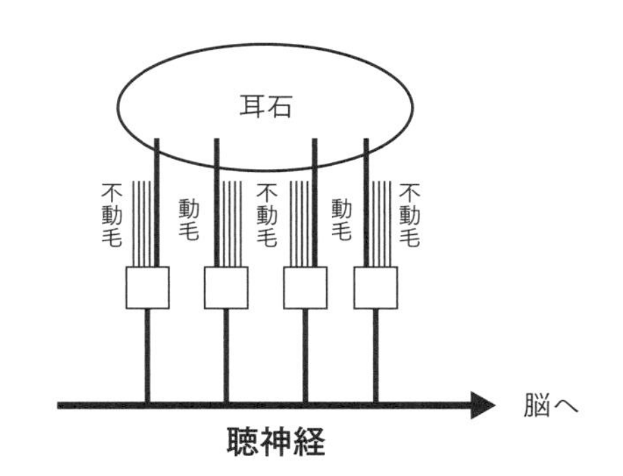

ちなみに、魚の年齢は耳石から知ることができます。耳石は炭酸カルシウムの結晶からできていて、その断面は樹木の年輪のように成長していきます。年輪の数を数えることで樹木の年齢が分かるように、魚の年齢を知ることができるのです。

浮袋の振動を利用して音を聴く魚もいます。人間の場合は鼓膜が振動しますが、浮袋が鼓膜の代わりをしているのですね。浮袋の振動が内耳に伝わり、音を聴くというわけです。

魚には、側線という器官も備わっています。鰓（えら）から尾の方にかけて、両脇の真ん中あたりを通る点々でできた線が側線です。これは、水圧や水流の変化、水の振動や音を感じ取る器官だと考えられています。

側線は普通は左右1本ずつとなっていますが、アイナメやホッケなど左右に5本ずつ側線がある魚もいます。アイナメはクジメとよく似ていますが、クジメの側線は左右1本ずつなのでこれで区別できます。

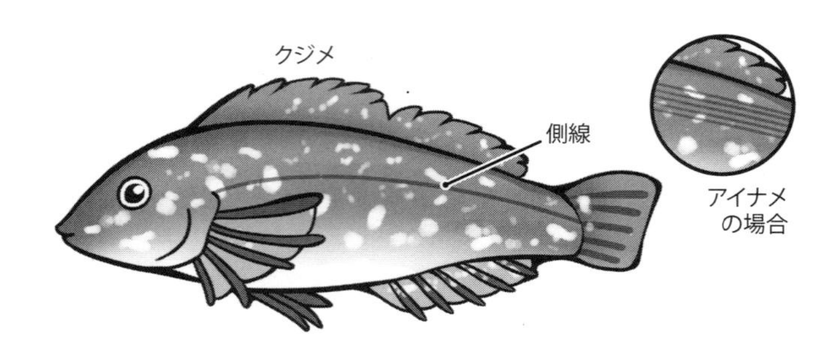

群れとなって泳ぐ魚が互いにぶつからずに済むのは、側線で水流を読み取っているからだと言われます。水族館で泳ぐ魚が透明な壁にぶつからないのも、側線のおかげとされます。

水中の深いところには、光がほとんど届きません。そのため、深いところにいる魚にとっては敵や獲物を認識するために聴覚が重要となるのです。進化の過程で、魚は生存に必要な聴覚器官をいくつも身につけてきたのです。

耳はなくても、魚はしっかりと音を聴いていることが分かりました。釣りをするときに大きな音を立ててしまうと、魚が逃げてしまうきっかけとなる可能性があるのです。

そこで、今回は魚のいる水中で音がどのように伝わるのか考えます。このことを理解できると、どのような音に気をつけなければならないか分かるようになります。

そもそも、音とは何でしょうか？ まずはこのことを確認します。

「音」とは一言で言うと「振動が伝わっていく現象」です。そのため「音波」とも呼ばれます。

私たちが喋ると、周りの空気が振動します。目には見えませんが、空気は非常に小さな「分子」と呼ばれる粒子が集まってできています（具体的には、窒素分子、酸素分子などいろいろな種類の分子が集まっています）。空気の分子の数は膨大で、気温や気圧によって変わりますが、およそ 22.4 L 中に 600000000000000000000000 個（0 が 23 個：1 億や 1 兆よりずっと大きな数）という膨大な数が収まっています。そのため、一部の空気を振動させるとその振動が次々と周囲へ伝播していくのです。

波にはいろいろな種類があります。例えば水面を揺らせば波が広がっていきますし、ピンと張ったロープの片側を揺らせば逆側へ振動が伝わっていきます。このように波が伝わっていくとき、水やロープ自体が移動していくわけではありません。水やロープは振動するだけであり、伝わっていくのは振動なのです。

（例）ロープで発生する波

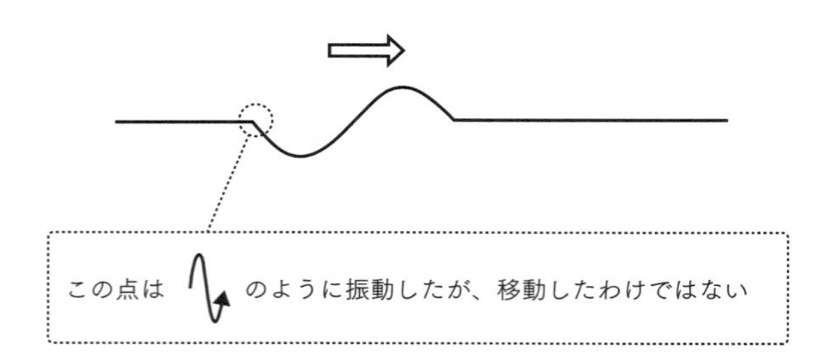

ロープの場合、各点が波が伝わる方向と垂直な方向に振動します。これに対して、音波の場合は空気分子が波が伝わるのと同じ方向に振動します。

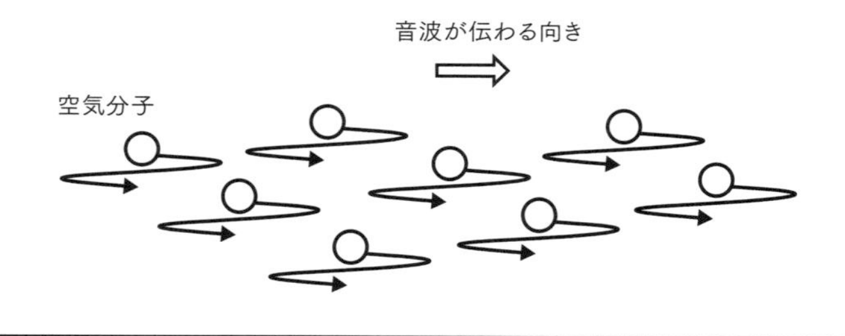

さて、音波が伝わるのは空気中だけではありません。魚のいる水中でも音波は伝わります。水の中に潜ると他の人の声がうまく

聴こえなくなった経験から、「水中では音は伝わらない」と誤解されている方もいるかもしれません。これは、水の外で発生した音だからよく聴こえないのです。水の中で生まれた音であれば、水中で聴くことができます。例えば、アーティスティックスイミングでは水中のスピーカーから音楽を流しています。そのため、選手は水中で音楽を聴くことができるのです（水の外で生まれた音が水中でよく聴こえない理由については、後述します）。

音波は「水中でも伝わる」というより、空気中より「水中の方がよく伝わる」という方が正確です。実際、水中では音波は1500 m/ 秒ほどと空気中の約 4 倍もの速さで伝わっていきます。

音波が水中でよく伝わるのは、水中では空気中に比べて分子が密に詰まっているからです。こちらも圧力（水圧）や温度によって変わりますが、22.4 L の水の中にはおよそ 7500000000000000000000000 個（空気の場合の 1200 倍ほど）の水の分子が収まっています。そして、分子が密集しているほど振動が伝わりやすくなるのです（正確な考え方は、164 ～ 165 ページで説明します）。

ちなみに、金属などの固体中では音波はもっと速く伝わります。鉄の場合、6000 m/ 秒ほど（空気中の 18 倍ほど）の速さとなります。線路の近くでは、ずっと遠くを走っている電車の音が聴こえることがあります。鉄でできたレールを伝わってきた音が聴こえるのです。

水中でよく伝わる音波は、例えば海の水深を測定するのに利用されます。水面に浮かぶ船から海底に向けて音波を発し、海底で反射して戻ってくるまでにかかる時間を測定することで水深が分かるのです。この方法が利用できるようになるまでは、おもりをつけたロープを垂らして海底に着くまでに伸ばした長さから水深を測っていました。この方法では水深数千メートルに及ぶ場所では１回の測定に数時間もかかってしまい、広大な海のあらゆる点を調べ尽くすことは不可能です。音波による測定が可能になったことで、海底の様子を詳しく知ることができるようになったのです。

音波は、深海探査船がとらえた海底の画像データを送信するのにも使われます。通常の情報送信は電波や光といった波を使って行なわれますが、海中ではよく伝わる音波が利用されるのです。

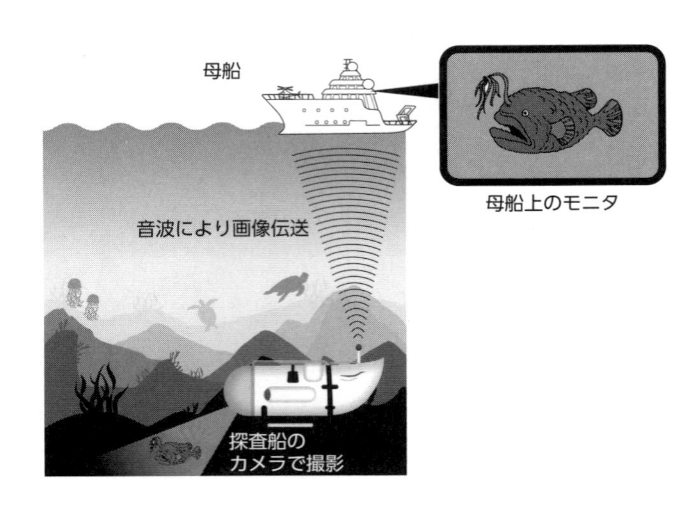

このとき、水深が変わると音速が変わることに注意が必要です。これは、水深によって水温と水圧が変わるためです。

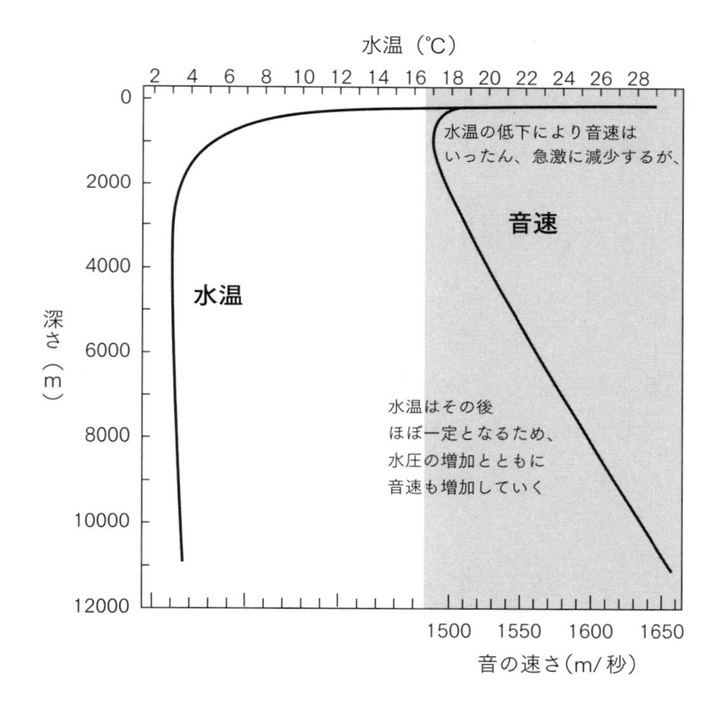

海水の温度は水面で最も高く、深さが増すにつれて下がります。温度が下がるとき、水分子の動きが穏やかになります。それに合わせて、音速も小さくなっていくのです。

ただし、ある程度以上の深さでは深度が増しても水温はほぼ変わらなくなります。それにもかかわらず、深くなるにつれて音速は大きくなっていきます。これは、深いところほど水圧が大きいためです。水圧が大きいほど水分子の振動が伝わりやすくなるのです。

空気中や水中を伝わる音速 v は、空気や水の「密度 ρ」と「体積弾性率 K」という値を使って

$$v=\sqrt{\frac{K}{\rho}}$$

と表すことができます。「体積弾性率 K」は次のように定められます。

加えられる圧力が p のときに体積が V となる物体があるとします。ここで、圧力を p から $p+\Delta p$ にすると体積が $V+\Delta V$ に変わったとします。

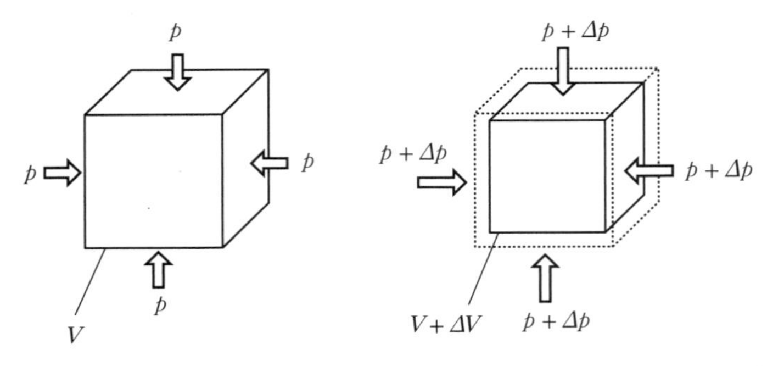

（$\Delta p>0$ なら $\Delta V<0$、$\Delta p<0$ なら $\Delta V>0$）

このとき、体積変化の割合を大きくするには圧力を大きく変化させる必要があります。このことから、圧力変化 Δp は定数 K を用いて

$$\Delta p=-K\frac{\Delta V}{V}$$

と表すことができます。ここで、Kの値が大きいほど同じ割合だけ体積を変化させるのにより大きな圧力変化が必要となります。すなわち、Kは物体の「縮みにくさ」を表すのです。これが、「体積弾性率」です。

なお、Kの逆数（$\frac{1}{K}$）は「縮みやすさ」を表すことになり、「圧縮率」と呼ばれます。

音速vは、この体積弾性率Kが大きいほど大きくなります。空気より水は、水よりも金属は縮みにくい（体積弾性率Kが大きい）ために音速が大きくなるのだと分かります。また、水圧が大きくなった水ほど（すでに強い圧力がかかっていてそれ以上縮みにくくなっているため）体積弾性率Kが大きいため、音速が大きくなるのです。

水中で音波がよく伝わるのが分かったところで、魚への音の伝わり方に戻りましょう。水中にいる魚には、水中で発生した音はよく伝わる（聴こえる）ものの水の外（空気中）で発生した音はうまく伝わらないと述べました。その理由は、音波にとって水と空気は伝わりやすさが異なる物質だからです。このような異なる物質どうしの境界面では、多くの音波が反射してしまうのです。空気中から水中へ向かう音波のすべてが反射するわけではありませんが、水中へ伝わる割合は小さくなってしまいます。これが、空気中で発生した音が水中で聴こえにくい理由です。

以上のことを踏まえると、釣りをするときに喋るのはそれほど問題にはならないのかもしれません。それに対して、岸などの釣り場を歩くときには注意が必要でしょう。このときの振動は地面を介して直接水中へ伝わります。つまり、水中で音波が生じることになるのです。魚がこれに敏感に反応する（逃げてしまう）おそれがあります。また、ルアーなどの仕掛けを着水させるときにも気をつける方がよいでしょう。このときにも、水中で音波が生じることになるからです。

釣り船が魚に近づくときにも、魚は船の振動で生じる音やエンジン音を聴いていることでしょう。漁船では、魚に近づくときには船の振動を極力抑え、エンジンの回転も落とす（最後はエンジンを切る）ことがよくあります。

ただし、魚に音が聴こえることは必ずしもマイナスになるとは限りません。例えば、ルアーにはラトル入りのものがあります。魚を引きつけるために、あえて音が出るようにしたものです。また、振動しやすい形状のルアーもあります。これも、魚に振動を感知してもらうのが狙いです。これらは、濁った場所での釣りや夜釣りなどルアーが魚から視認されにくい状況で効果を発揮することが多いようです。

音のことを考えてみても、釣りの奥深さが分かります。

Angler's Eye

魚に気づかれないことの難しさ

水中にいる魚がいろいろな音を聴いていることを説明してきました。

船を魚に近づけすぎると、エンジンや波切の音に気づかれて逃げられることがあります。そこで、船とターゲットの距離を保ちながら、餌やルアーをターゲットに近づける必要があります。

餌を使う場合は、潮流を利用してターゲットに流れ着くようにしたり、船で仕掛けを流しながら近づいたりします。トップウォーター（水面で使うルアー）で狙う場合は、できるだけ遠くから投げて、ターゲットに届かせなければなりません。このとき、ライン（リーダーを含む）が太すぎると空気抵抗が大きくなり、ルアーの飛距離が落ちてしまいます。しかし、細いラインでは強度が不足し、マグロなどの大型魚を狙うには不安です。また、投げるルアーの大きさや重量によっても飛距離は大きく変わります。ルアーの選択によって魚の食いつきも変わるため、遠くからルアーを飛ばしつつ、魚に食いついてもらうのは簡単ではありません。

だからこそ、釣果があったときには大きな達成感を得られるのでしょう。釣りの最大の楽しみは「釣ったことのない魚（魚種、長さ、重さ）を釣ること」と言われています。このため、たとえ高価でも気に入った道具を買いたくなるのかもしれません。「魚を釣る前に人間が釣られている」とも言えますね。

道具選びや釣りの準備をしているときこそ、実は一番楽しい瞬間なのかもしれません。

3

脳締めや神経締めをすると どうして魚の鮮度を保てるのか?

人によって釣りの目的はさまざまですが、やはり釣った魚を美味しく食べるのは大きな楽しみでしょう。釣った魚をその場ですぐに食べる人もいますが、ほとんどの場合は数時間から数日後に食べます。そのため、鮮度を保つことが重要となります。今回は、魚の鮮度保持の仕組みについて考えてみたいと思います。

魚の締め方は、魚の種類によって変わります。アジ、サバ、イワシなど小さくて数が獲れる魚の場合、氷締めを行なうのが普通です。氷を入れて冷やした水の中に入れて凍死させるのが氷締めです。

もう少し大きな魚を締めるときには血抜きを行ないます。これは、魚の体内に残った血が腐敗や臭みのもとになってしまうためです。ただし、小さな魚の場合は血液量が少なく、その心配があまりないため血抜きを行なわないのです。また、身体が大きな魚は氷水に入れても即死せず、暴れまわります。小さな魚は氷水で即死するため、氷締めが有効なのです。そもそも、魚の数が多いときには１匹ずつの血抜きには大変な手間がかかってしまうため、それに代わる方法が必要となるわけです。

ブリ、カンパチなどある程度大きな魚の鮮度を保つには、血抜きをする方が鮮度を保てるでしょう。

このときに行なうのが、脳締めです。脳締めは、ナイフやピックなどを使って魚の脳天を狙って突き刺す方法で行なわれます。これによって、脳からの指令を停止させることができます。そうしてから、鰓（えら）の部分や尾の付け根の部分に切り込みを入れて、血抜きをするのです。

さて、血を抜くだけなら脳締めは必要ないようにも思われますが、脳を傷つけることにどのような意味があるのでしょう？ これに深く関係するのが、ATP（アデノシン三リン酸）という物質です。

ATP（アデノシン三リン酸）

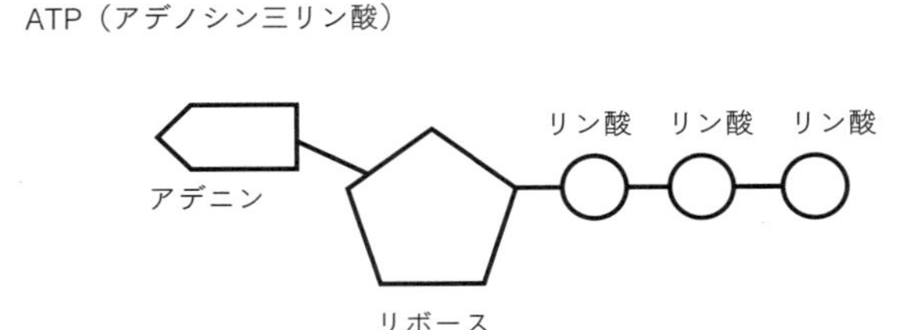

ATP は、図のような構造を持つ物質です。ATP は、魚に限らない動物、また植物の体内にも含まれている物質です。

ATP はエネルギーを生み出す物質で、動物はこのエネルギーを利用して筋肉の収縮を行なっています。植物の生命活動にも、ATP が生み出すエネルギーが利用されます。

ATP は、次のように1つのリン酸を切りはなす（分解反応）ことでエネルギーを生み出します。

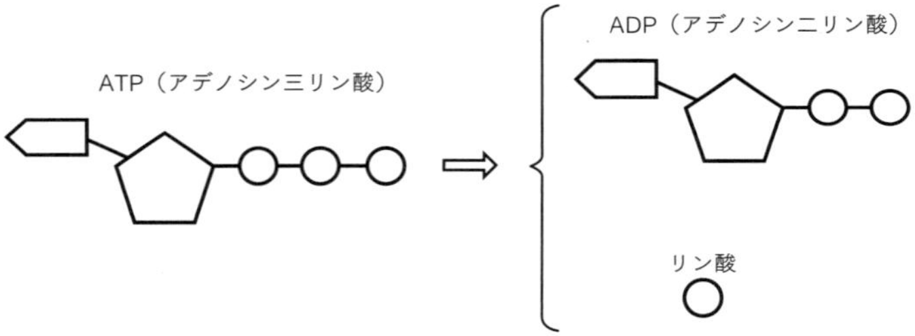

ATP（アデノシン三リン酸）

ADP（アデノシン二リン酸）

リン酸

ATP からリン酸が1つ取れると、ADP（アデノシン二リン酸）という物質に変わります。ここで、これらの「A」は「adenosine（アデノシン）」、「P」は「phosphate（リン酸）」を表します。そして、ATP の「T」は「tri（3つ）」を表し（triangle（三角形）の「tri」）、ADP の「D」は「di（2つ）」を表します（dilemma（2つの選択肢で板挟み）の「di」）。ATP と ADP の違いは、ついているリン酸の数にあることが分かります。

さて、生きている魚の体内では ATP が ADP に分解される反応が起こるだけでなく、ADP から ATP を再合成する反応も起こります。このサイクルを繰り返しているのです。

これが、魚が死んでしまうと ADP から ATP が再合成されることはなくなってしまいます。代わりに、ADP はさらに分解して AMP（アデノシン一リン酸）に変わるのです。

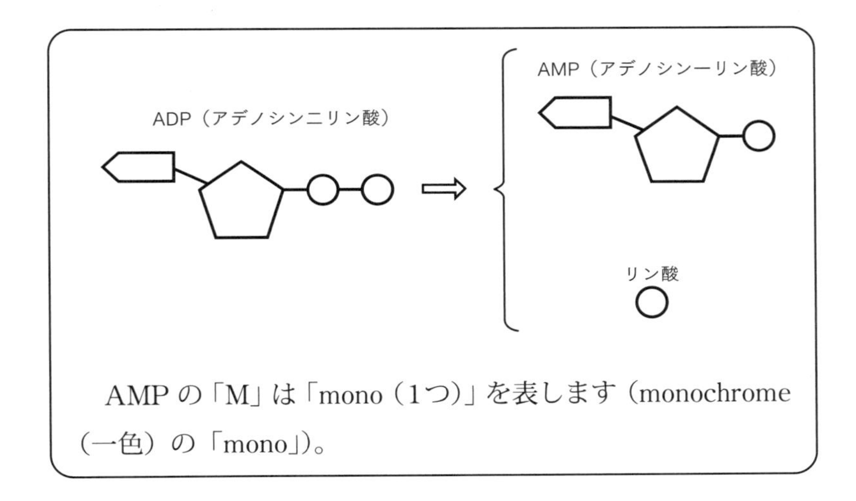

AMP の「M」は「mono（1つ）」を表します（monochrome（一色）の「mono」）。

そして、AMP はさらに分解反応を起こし、イノシン酸、イノシン、ヒポキサンチンといった物質へと変わっていきます。

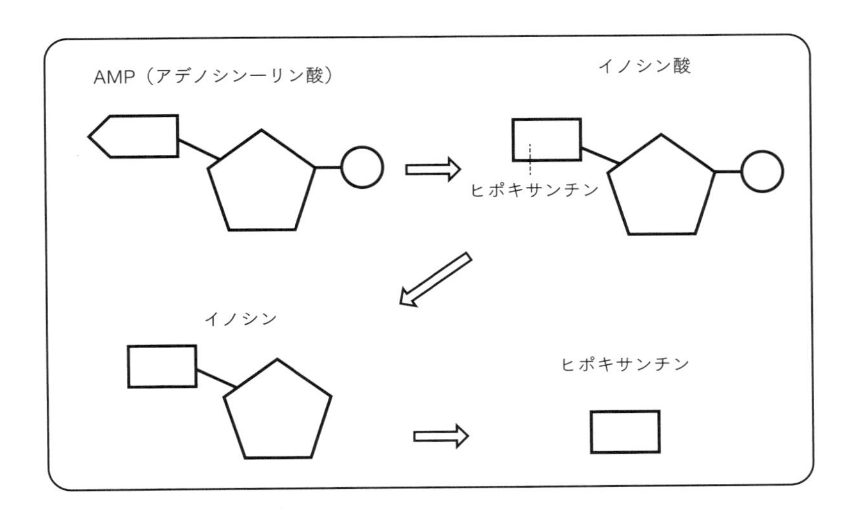

このようにして、ATP はイノシンやヒポキサンチンといった物質へと変わっていくのです。そして、このイノシンやヒポキサンチンといった物質は魚の臭み成分なのです。魚が死んで ATP の分解反応が進んでいった結果、イノシンやヒポキサンチンが大量に生成されてしまうのが、魚の鮮度が低下していくプロセスです。

この分解反応を遅らせるために行なわれるのが、脳締めです。脳を破壊すると、脳の指令による筋肉の収縮が行なわれなくなります。これによって、ATP の消費（ADP への分解）を抑えることができるのです。

このとき、脳締めだけでなく神経締めも行なうことで、さらに ATP の消費を抑えられます。魚の脳を破壊しても、脊髄からは神経伝達物質が放出されつづけます。これによって筋肉は痙攣し、ATP の消費が続くのです。そこで、専用器具を使って、魚の中骨上部に沿って走っている脊髄を破壊してしまうのです。これで、ATP の消費をだいぶ遅らせ、イノシンやヒポキサンチンの生成までにかかる時間を引き延ばせるのです。

以上のように魚の鮮度を保つのに有効な脳締めや神経締めですが、注意点があります。まずは、魚を釣り上げてからすぐにではなく、少し休ませてから締める方がよいということです。魚は釣り上げられるまでに、全力で抵抗していたことでしょう。つまり、激しく筋肉を収縮させていたわけで、そのときにすでに多くの ATP が消費されてしまっている（ADP に変わっている）のです。このような状態で脳締めや神経締めをしたところで、すでに多くのATPがADPに変わっていれば、その後の分解は進んでしまいます。だから、いったん休ませて魚の体内でADPがATPに戻るのを待つ必要があるのです。そうしてから締めることで、ATPのままに保つ時間を延ばせるのです。

次に、締めた魚を冷やしすぎないことも重要です。0℃近くまで冷やすとATPの消費が加速してしまいます。10℃前後のときが、ATPの消費が最も遅くなるようです。そして、死後硬直が完了してからは0℃ほどで保管すると、魚の鮮度を最も長く保つと言われます。

今回は、魚の締め方について考えてみました。

ところで、魚の釣り方には巻き網、刺し網、底びき網など網を使った漁法、一本釣り、水中銃や銛を使った素潜り漁などがあります。これらのうち、網を使った場合には釣り上げたときにすでに魚が死んでいるということが多くあります。この場合には、締めたくても締めることができません。それに対して、一本釣りや素潜りによって獲った魚は1匹ずつ締めることができ、鮮度を保つことができるのです。ただし、魚がどんどんと釣れる時間帯（時合い）には1匹ずつ丁寧に処理する時間が勿体なく、釣ることに集中するために血抜きと脳締めだけを行なったり、血抜きすらも後回しにしたりということもあるでしょう。

いずれにしろ、釣り方によって魚の美味しさが大きく左右されることが分かります。締めることができるかどうかが、味に大きく関わっているのですね。

なお、養殖した魚はすくい上げてすぐに締めることができます。これが美味しさのもとの１つと考えられます。天然魚より養殖魚の方が美味しいと言われることも多くありますが、それには、餌だけが関係しているわけではありません。

せっかく釣った魚の鮮度を長く保つためには、さまざまな手間と工夫が必要なことが分かりました。なお、「究極の魚の締め方」とも言われる「津本式」は、宮崎県の水産物卸会社ではたらく津本光弘さんがその経験から編み出したと言われます。理屈を知り、最後は経験を活かすことでベストな方法が見つかるのかもしれません。

4

新鮮な魚より寝かせた魚の方が美味しい?

近年は物流システムが発達し、都会の居酒屋でその日に釣り上げられた魚を食すことができるようにもなってきました。鮮度の高い魚の刺身は弾力抜群です。海沿いに暮らしていなくてもこのようなものを食べられる機会が増えたことは、私たちの食生活を豊かにしてくれています。

例えば、マグロ漁船には－60℃～－50℃まで急速冷凍できる冷凍庫が搭載されています。マグロが釣り上げられると、血抜きなどをした後にすぐにこの冷凍庫に入れられます。凍らせることでタンパク質の酵素分解、脂肪の酸化、微生物の繁殖といったことを抑えて鮮度を保てるのです。

それにしても、これほど低温にしなくてもマグロを凍らせることはできます。どうして－60℃～－50℃という低温にするのでしょう?

低温まで急速冷凍するのは、マグロの旨味の流出を防ぐためです。マグロを凍らせると、体内に含まれる水分が凍結していきます。そして、氷の結晶が作られていくのです。

マグロをゆっくりと凍らせていくときには、身体を構成する細胞の内部より細胞周囲の水分が先に凍結していくことが分かっています。そして、細胞周囲に大きな氷の結晶ができると、細胞膜が損傷して細胞が壊れてしまうのです。すると、旨味成分が細胞内から細胞の外へ逃げてしまい、解凍したときに流出してしまうのです。

体内で氷の結晶ができることがマグロの味を落とすことにつながるのですが、氷の結晶の成長は－5℃～－1℃の温度帯で最も促されると言われます。釣ったマグロをゆっくりと凍らせると、この温度帯にとどまる時間が長くなってしまうのです。そして、細胞の損傷が進んでしまうのです。

そこで、急速冷凍が有効となります。－5℃～－1℃の温度帯を短時間で通過することで氷の結晶の成長を抑え、細胞の破壊を最小限にするのです。これが、マグロ漁船に低温まで急速冷凍できる冷凍庫が積まれている理由です。

また、魚に含まれる余分な水分や水分に溶け込んでいるアンモニアなどの臭み成分を除去し、旨味成分は残す機能があるシートも普及しています。ペーパータオルより吸水力が高く、吸収した水分を戻さないといった優れた機能を持ったものが多くあります。こういったものも、私たちが鮮度の高い魚を食す機会が増えたことに貢献しています。

さて、このように鮮度を保つ方法に対して、あえて長い時間魚を寝かせて旨味を引き出す方法があります。魚の熟成です。時間が経ったら魚の味は落ちてしまいそうですが、そうとは限らないのです。魚の熟成の仕組みを考えてみましょう。

釣り上げられた魚の体内では、ATP の分解反応が進むのでした（168 ページからの「脳締めや神経締めをするとどうして魚の鮮度を保てるのか？」参照）。ATP は最終的にイノシンやヒポキサンチンといった臭み成分に変わってしまいますが、実はこの分解反応の途中で旨味成分が生まれるのです。「イノシン酸」という物質です。

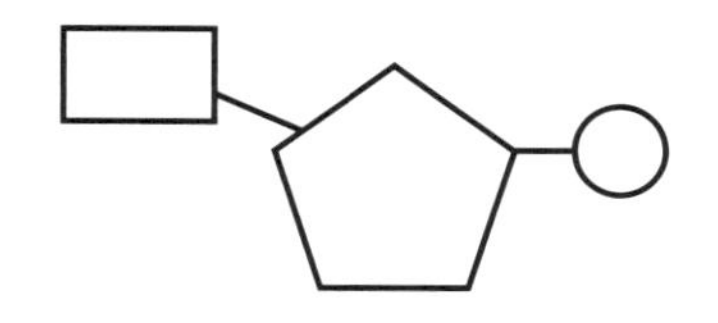

旨味成分の主なものには、昆布に含まれる「グルタミン酸」、シイタケに含まれる「グアニル酸」といったものがあり、魚の場合は「イノシン酸」が旨味成分となっているのです。

ATP の分解は

ATP → ADP → AMP →イノシン酸→イノシン→ヒポキサンチン

のように起こるのでした（171 ページ参照）。ATP はある程度の時間が経つと、イノシン酸へと変わるのです。そして、これが私たちに旨味を感じさせてくれるのです。

イノシン酸がさらに分解するとイノシン、ヒポキサンチンといった臭み成分へと変わりますが、この反応は ATP がイノシン酸になるまでの反応に比べてゆっくりと（時間をかけて）起こります。そのため、旨味を感じられる期間がある程度続くのです。

魚の体内の ATP がイノシン酸になるまで待つのが、熟成です。イノシン酸の旨味を味わうには、釣り上げてからしばらく我慢する必要があるのです。なお、どのくらいの期間熟成させたら旨味が最大になるか、これは魚の種類によって変わります。

熟成させた魚を味わえる期間を長くする（イノシンやヒポキサンチンが生成するまでの時間を延ばす）ためには、適切な温度管理が必要です。5℃程度で保管することでイノシン酸をイノシンに変える分解酵素のはたらきが弱まります。また、塩漬けにしたりみりん干しにするのも有効です。塩や、みりんに含まれる糖にはイノシン酸の分解を抑制するはたらきがあるためです。

なお、熟成肉の場合にはイノシン酸だけでなくグルタミン酸、グアニル酸などさまざまな旨味成分が豊富に含まれます。これらは、肉自体に含まれるタンパク質分解酵素によってタンパク質が分解されて生じたアミノ酸です。

どのようなタイミングで味わったら美味しく感じられるのか、そこには科学が深く関わっていることが分かりました。ただし、少しでも早く弾力のあるうちに食べる方がよいか、熟成させて旨味を引き出してからの方がよいか、これは科学ではなくその人の「好み」で決まるのでしょう。

Angler's Eye

釣る、捌く、食す

釣りは単なる趣味ではなく、自然と対話し、その恵みを味わう特別な体験です。釣った魚を持ち帰り、美味しく食べることは、その楽しみをさらに深めてくれます。

釣ったその日に、鮮度抜群のプリプリの身を堪能するのも素晴らしい体験です。また、鰓（えら）や内臓をしっかり処理して冷蔵庫で熟成させるのも一つの方法です。適切な温度と時間で熟成させることで、旨味が増し、さらに美味しくなります。

後日楽しむために冷凍保存するのもよい選択です。鮮度を保つためには急速冷凍が効果的です。これを行なうことで、魚の細胞を守り、解凍後も食感や風味が保たれます。解凍する際は、ドリップを吸収するためのシートを使うと、旨味を逃さずに楽しめます。

捌くときには、切れ味のよい包丁を使うことで、きれいな断面を作ることができます。その結果、見た目にも美しい一皿が完成します。こだわりの皿に盛り付けることで、料理の魅力がさらに引き立ちます。見た目が美しい料理は、食べる前から期待感を高めてくれます。

「釣る、捌く、食す」を楽しむことが、釣りの醍醐味なのです。

のどぐろのにぎり

TunaLovers

第4章

自然環境にまつわる科学

1

魚がたくさん獲れるのは どんな場所？

現在、世界の漁獲量に占める日本の割合は3％ほどです。近年になって世界各国の排他的経済水域（EEZ）の設定による海外漁場からの撤退、マイワシの漁獲量の減少、漁場環境の悪化などによって日本の漁獲量は減少してしまいましたが、1980年代半ばまでは日本の漁獲量は世界の15％ほどを占めていたのです。それだけ、日本近海には豊富な漁場がたくさんあるということです。

さて、魚がたくさん獲れるのは広い海の中のどのような場所でしょう？ 実は、豊かな漁場の形成には海水の「湧昇（ゆうしょう）」が深く関係しています。今回は、このことについて考えてみましょう。

湧昇とは、深いところにある海水が浅いところへ上昇してくることです。海の深いところへは、太陽の光が届きません。そのため植物プランクトンは光合成を行なうことができず、生息できません。そして、植物プランクトンが利用する栄養分が豊富に残っているのです。

そのため、深いところから海水が上昇してきた場所は栄養豊富になります。また、浅いところには太陽光が届きます。よって、植物プランクトンが増殖します。

植物プランクトンが増えた海域ではこれを食べる動物プランクトンが増え、さらに魚が集まるのです。このようにして、湧昇が起こる場所は好漁場となります。

このような海域は湧昇海域と呼ばれます。湧昇海域の面積は世界の全海洋面積の 0.1% に過ぎませんが、漁獲量は世界の 50% を占めるとも言われます。

ペルー沖、カリフォルニア沖、南西アフリカ沖などは、湧昇海域として有名です。また、赤道付近でも湧昇が起こっています。このような海域は、日本近海にも多くあります。

さて、どうして深いところの海水が湧き上がってくるのでしょう？ また、湧昇が起こりやすい場所が決まっているのはなぜでしょうか？ ここには、物理学が深く関わっています。特に関係するのが 109 〜 110 ページで説明した「コリオリの力」です。

地球上では、「真っすぐ進むはずのものが曲がっていく」という現象が起こるのでした。その向きは北半球と南半球とで逆になり、北半球では真っすぐ進もうとしても右へ逸れ、南半球では左へと逸れていくのです。

不思議な感じがしますが、地球の自転が影響して地上から見えるのがコリオリの力でした。

さて、コリオリの力がどのように海水の湧昇に関係するのでしょうか。ペルー沖を例に説明します。

南米のペルー沖では、毎年９月を中心に北向きの風が吹きます。すると、風に引きずられて海面の水も北向きに動くようになります。ただし、海水の動きの向きは風の向きからずれます。コリオリの力のためです。南半球に位置するペルー沖では、海水は進行方向に対して左向きにコリオリの力を受けます。そのため、北向きではなく北西向きに進むようになるのです。

北向きの風が吹いたときに海面の水が進む向き

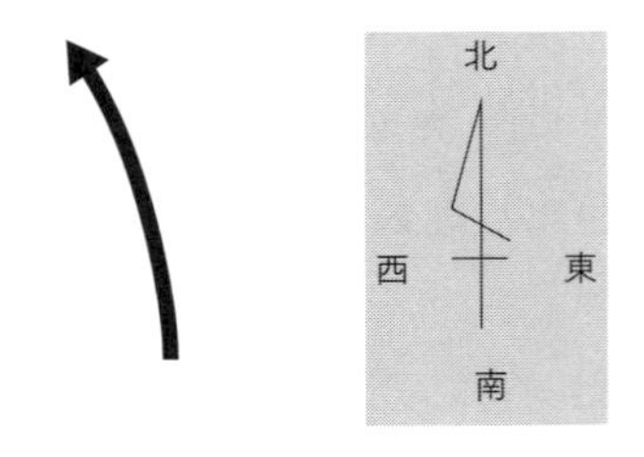

風の影響を直接受けるのは、海面の水です。海水は、それより深いところにもあります。それらは、上側の浅いところの海水に引きずられるようにして動くことになります。つまり、海流は浅いところだけでなく深いところにも生まれるのです。

そして、動き出した深いところの海水もコリオリの力を受けます。つまり、上側の海水よりも左向きに（西向きに）逸れながら進んでいくのです。結局、海水全体の流れは次のようになるのです。

エクマン輸送

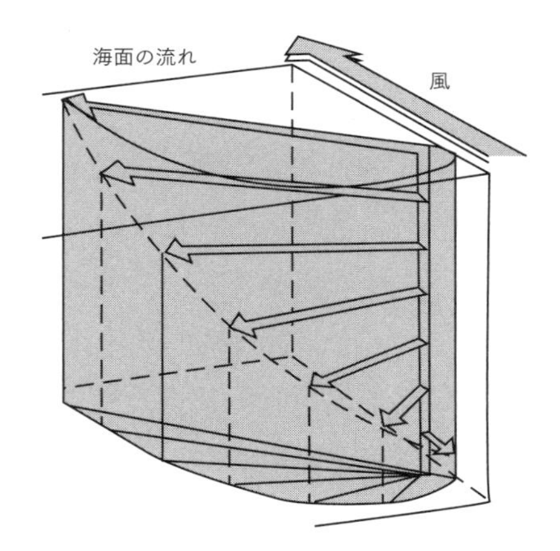

このような海水全体の流れは「エクマン輸送」と呼ばれます。

南半球で海水が北向きに流れるとき、エクマン輸送のために海水は西の方へと逃げていってしまうことになるのです。

このようなことが海洋の真っただ中で起こったときには、西へ逃げた分の海水が東側から補充されます。ところが、ペルー沖の場合は東側は岸であり、東側から海水が補充されないのです。そこで、海の深いところから補充が行なわれるのです。

以上が、ペルー沖で海水の湧昇が起こる仕組みです。ペルー沖に限らず、岸があるところでは湧昇が起こることが多くあるのです。そして、よい漁場となります。ペルー沖では栄養豊富となった海水を求めて、アンチョビが集まります。

次に、赤道付近について考えてみましょう。赤道のあたりで湧昇が起こる仕組みは次の通りです。

赤道の上空では、年間を通しておよそ東から西へ向かう貿易風が吹いています。そして、これに引きずられて海面の水も西向きに流れていきます。

このとき、赤道から少しでも北側に入れば北半球であり、進行方向に対して右向きのコリオリの力がはたらくことになります。そして、エクマン輸送によって海水は右側（北側）へと逃げていくのです。

赤道から少しでも南側に入ったときには、この逆です。コリオリの力は進行方向に対して左向きにはたらき、これがエクマン輸送の向きとなり海水は左側（南側）へと逃げていくのです。

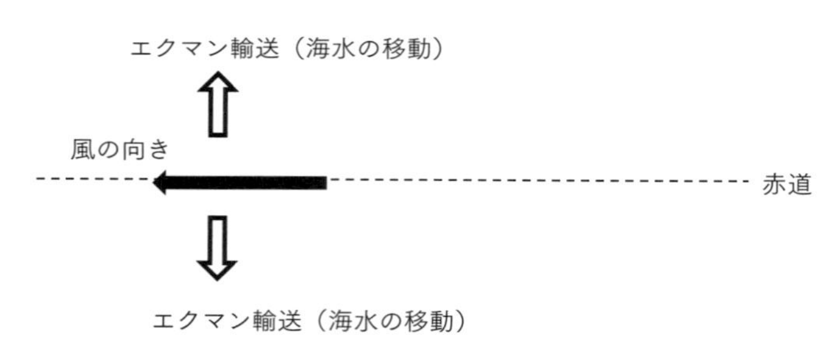

結局、赤道上では南北両側へ向かって海水が逃げていき、海水が不足することになります。そして、それを補うのはやはり深いところにある海水なのです。このようにして、赤道付近でも湧昇が起こります。

赤道付近には、マグロなどの好漁場がたくさんあります。湧昇が起こりやすいことが、漁場形成の要因の１つとなっています。

今回は、湧昇によって好漁場が生まれる仕組みについて考えてみました。魚が釣れる場所には、物理学が深く関わっていることが分かります。

なお、今回説明したのは風をきっかけとして起こる湧昇ですが、他のきっかけで湧昇が起こることもあります。例えば大量の河川水が流入して海面の水が沖合へ向かって引っ張られると、湧昇が起こります。あるいは、低気圧によって湧昇が起こることもあります。

海水の動きは、私たちがイメージしている以上に複雑（というより完全に理解することは不可能）です。それでも、海水の動きについて理解を深めることが、釣果につながると言えるでしょう。

Angler's Eye

魚の量のバランスの難しさ

2024年7月、太平洋クロマグロの漁獲枠について話し合う国際会議において、クロマグロの漁獲枠を大型魚では50%増に、小型魚では10%増にすることが決められました。その理由は、太平洋クロマグロの資源量が回復基調にあることが確認されたためです。

この決定には「回復基調になったばかりだから増やすべきではない」といった慎重意見も示されていますが、ハッキリ言えるのは「人間が魚のことをすべて把握できているわけではない」ということです。マグロは増えているのか減っているのか、調査はしていますがそれがすべてを表しているわけではないのです。

人々は魚のことを正確に把握しているわけではないからこそ、考え方も年々変わるのです。クロマグロの漁獲枠の変更はその例と言えます。

また、「とにかく漁獲量を減らして魚を守ればよい」というものでもありません。例えばクロマグロはスルメイカをよく食べます。スルメイカの漁獲量は、近年大幅に減っています。スルメイカの漁獲量減少の原因がクロマグロだけにあるわけでは決してないのでしょうが、クロマグロの漁獲量を減らしたときの他の魚種への影響も考えるべきことが分かる例です。

2

海が変われば
魚の棲処も変わる？

日本近海では、どのような魚がどれくらい釣れるのでしょうか？　このことは、釣り人にはもちろん海の幸をいただいている日本の人々に大きな影響を与えます。例えば、近年漁獲量が減ったサンマの価格は高騰しており、庶民の味ではなくなりつつあります。

サンマに限らず、漁獲量が減っている魚種はたくさんあります。ただし、それは魚の数自体が減ったからとは限らず、魚の分布地域が変わったことが原因であることが多くあります。つまり、ある地域で獲れなくなった魚が別の地域でたくさん獲れるようになった、ということがよくあるのです。

今回は、魚の棲処の変化について考えてみましょう。これには、海水温の変化が大きく関わっていると考えられています。

近年多く訪れる異常気象には、地球温暖化が影響している可能性があると言われます。私たちの暮らしに多大な影響を与える地球温暖化は、人類が解決を目指すべき喫緊の課題です。そして、温暖化は釣りにも影響を及ぼしているのです。

魚には、暖かい水を好むものも冷たい水を好むものもいます。魚たちは広い海の中で自分にとってちょうどよい場所を選んでいると言えます。地球温暖化に伴って、海水温も上昇しています。このことが、魚の居場所に影響を与えているのです。気象庁の発表では、ここ 100 年ほどで日本近海の海面水温は平均で 1.28℃も上昇したそうです。

海水温は赤道近くで高く、そこから北極や南極へ向かうにつれて下がっていきます。そのため、それまでいた場所の海水温が上がると魚は北上するのです。そうすることで、水温がそれまでと同じくらいのところで暮らせるようになるわけです。

ただし、すべての魚が北上しているわけではなく、南下している魚もいることが分かっています。これは、全体として魚が北へ分布を変えたことで、それまでの居場所を奪われ南下せざるを得なくなったものと考えられています。

このように、海水が温暖化すると魚の分布が大きく変わります。そして、近年それが顕著に見られるようになってきたのです。具体例を通して、詳しく見てみましょう。

・東北地方の太平洋側（岩手県沖、宮城県沖）

近年、サケ、サンマ、タラなどの漁獲量が急激に減っています。例えば、岩手県産のサケの漁獲量は2010 年に19011 トンだったのが、2021年には413 トンにまで減っています。岩手県では明治時代からサケの人工孵化放流を行ない、最盛期の 1990 年代中盤には70000トンを超える漁獲量を誇りました。しかし、冷水を好む魚であるため海水の温暖化に伴って北上してしまったのです。

一方で、タチウオやサワラ、シイラといった暖水を好む魚が急増しています。宮城県産のタチウオは1トン（2010年）→500トン（2021年）、岩手県産のシイラの漁獲量は24トン（2010年）→257トン（2021年）と推移しています。これらはもともともっと南の海にいたものが、北上してきたのです。つまり、東北地方で獲れるようになった代わりに、獲れなくなった海域もあるというわけです。

例えば、長崎県産のサワラは1416トン（2012年）→600トン（2021年）と落ち込んでいます。ちなみに、サワラは2023年12月に国際自然保護連合によって「準絶滅危惧種」に指定されました。アジア近海に生息するサワラですが、ロシアや中国などでの乱獲が影響してか、個体数が減少しているのです。

そして、宮城県沖に突如漁場が出現したのが、高級魚として知られるノドグロです。もともと1トン以下の漁獲量だったのが、2022年には20トンにまで増えています。ノドグロの漁場は長崎県対馬沖や島根県山陰沖にありましたが、こういったところでの漁獲量は減っています。

ノドグロが北上したのには、海水の温暖化に加えて2011年の東日本大震災によって宮城県沖で2年間漁業が停止した影響があると考えられています。実際、ノドグロの稚魚が大量発生した場所が2012年に見つかっています。震災で漁業が止まったことでノドグロが棲みやすい環境が形成された可能性が考えられているのです。

・三河湾（愛知県）のアサリ

三河湾は日本一のアサリの産地ですが、特に知多半島側では近年大不漁が続いています。2014年までは10000トンを超えていた愛知県の漁獲量は、2020年には2000トン以下まで減少しています。

・福島県のトラフグと伊勢海老

福島県では近年、トラフグや伊勢海老の漁獲量が急増しています。トラフグは2トン（2010年）→28トン（2021年）、伊勢海老は2トン（2010年）→6トン（2021年）のように推移しています。

トラフグと言えば山口県下関市が思い浮かびますが、生息域に変化が見られるようです。これにも、海水の温暖化が影響しているのではないかと言われています。

伊勢海老と言えば三重県（旧伊勢国）というイメージですが、実際には千葉県でも多く獲れ、三重県と千葉県が漁獲量1位を争っています（「伊勢海老」の名前の由来には諸説あります。「伊勢地方で多く獲れた海老」「威勢がいい海老」「産卵期に磯にいる海老」などです）。伊勢海老は暖かい海に生息しますが、徐々に北の方へと分布を移していることが分かっています。福島県よりも北の岩手県沖でも、伊勢海老が獲れるようになっています。やはり、海水の温暖化の影響が考えられています。

- 有明海のノリ

ノリの名産地有明海を有する佐賀県は、19年連続でノリの販売枚数で日本一を誇ってきました。しかし、近年は不作が続き、2022年度（2022年秋～2023年春）には兵庫県にトップの座を譲り渡すこととなりました。

有明海のノリの不作の原因となっているのは、赤潮の発生です。赤潮は、海水中で植物プランクトンを中心とする微生物が異常増殖することで、海水の色が変わって見える現象のことです。

赤潮が発生する主な原因は、富栄養化です。富栄養化は、海水中の栄養分が自然な状態よりも多くなったことです。河川を通して洗剤、農薬、肥料などに含まれる窒素やリンといった栄養分が海水中に流れ込むことで富栄養化が起こり、赤潮の発生につながるのです。

なお、富栄養化によって大量発生したプランクトンが死滅して海底に沈殿すると、バクテリアによって分解されます。このときには、海水中の酸素が大量に消費されます。そのため酸素が欠乏した状態になり、魚類や貝類の大量死を引き起こすこともあります。

プランクトンがバクテリアによって分解されるときには、硫化水素が発生します。これを含んだ海水が押し上げられ、空気中の酸素と反応すると、硫化硫黄という物質が生まれます。これが太陽光を反射して海面が乳青色や乳白色に見えるようになります。そのため、この現象は「青潮」と呼ばれます。

さて、異常増殖した植物プランクトンは生きていくために栄養分を必要とします。栄養分を必要とするのは、ノリも同じです。よって、赤潮が発生するとノリは植物プランクトンと栄養分を取り合うことになるのです。そして、栄養分が不足すると光合成色素が十分に作られなくなり、ノリは色落ちを起こしてしまいます。

色落ちするとノリの風味も味も落ちてしまい、商品価値は著しく下がってしまいます。

以上のように、赤潮はノリの生産を妨げます。赤潮は、海水温が高いときほど発生しやすくなります。よって、有明海で赤潮が発生しているのにも海水の温暖化が影響しているのではないかと考えられています。

- **北海道太平洋側のウニ**

ここでも2021年に大量発生した赤潮が影響し、ウニの水揚げが急減しました。

- **北海道日本海側のウニ**

この地域では、高価なエゾバフンウニが獲れてきました。近年はこれが減少し、代わりに安価なキタムラサキウニが増えています。冷水を好むエゾバフンウニは北上し、代わりに暖水を好むキタムラサキウニが北海道のあたりまで北上してきたのだと考えられます。

- **北海道太平洋側のサンマ、サケ**

根室花咲港のサンマの漁獲量は日本一です。しかし、2010年に 47537 トンだった漁獲量は2021年には10480トンと、大きく減少しています。

この原因として、北海道沖の海水の温暖化が考えられています。

サンマは冷水を好む魚です。そのため北海道沖に寄りつかなくなってしまったのではないかと考えられるのです。

サケも同様に、冷水を好む魚です。春になると、サケの稚魚が北海道内の河川から海に入り込みます。１～２ヶ月かけて成長してから、アラスカ湾の方へと移動します。そして、数年経つと産卵のために北海道へ帰ってくるのです。

しかし、河川から海にたどり着いた直後にサケの稚魚が大量に死んでしまったり、ここで十分に成長できないままに旅立ったりということが起こっているのです。その原因が、海水温の上昇だと考えられているわけです。サケの稚魚にとって適温以上に海水温が上がってしまっているのだろうというわけです。

・北海道太平洋側のブリ

海水の温暖化によって多くの魚が獲れなくなっている北海道沖ですが、漁獲量が急増したものもあります。ブリです。津軽海峡にせり出す渡島半島の恵山岬の沖に、突如としてブリの大漁場が現れたのです。2010年には2190トンだった北海道のブリの漁獲量は、2021年には14000トンとなりました。もともとブリが多く獲れたわけではないため、北海道ではブリはなじみの薄いものでした。それが急に獲れるようになったため、北海道ではブリを使った商品の開発や、学校給食での利用などが進められています。

ブリは東シナ海で生まれ、対馬暖流に乗って日本海を北上します。そして青森県沖までたどり着きますが、暖水を好むブリは11〜12月の海水温が下がる時期になると南下し、東シナ海へ戻るのです。

近年はこの回遊ルートが崩れ、青森県沖まで来たブリが南下せず、北海道沿岸までたどり着くようになっているのです。そのため、北海道でたくさん獲れるようになったのです。

ブリが南下せず北海道沖に集まるようになった理由について、海洋研究開発機構のグループが研究を進めています。研究によると、「海洋熱波」が原因だと考えられています。

日本ではなじみの薄い「熱波」ですが、深刻な被害をもたらすことがあります。2003年夏にヨーロッパで発生した熱波による死者は、50000人とも70000人とも言われています。地球温暖化に伴って増加が心配されている熱波ですが、海にも「海水温が例年になく高くなる」熱波があるのです。これが海洋熱波と呼ばれるものです。

海洋熱波はここ100年で大幅に増えています。実際、1993〜2009年の夏季には17.5℃だった北海道南東沖の平均海面水温は、海洋熱波が頻発するようになった2010〜2016年には18.9℃まで上がっています。

海洋研究開発機構のグループの調査によると、海面だけでなく水深200メートル以上の領域にわたって水温が上がっていたようです。そして、その領域の塩分濃度が高くなっていたことも分かりました。暖かく、塩分濃度が高いというのは、黒潮の特徴です。つまり、黒潮に運ばれてきた海水が北海道沖にまでやってきていたことが分かったのです。

南方からやってきた黒潮は、日本列島の太平洋側を北上し、房総半島のあたりで進行方向を東に変えます。このあたりでは、大小さまざまな渦が作られます。このとき作られた100キロメートルサイズの暖水の渦が、黒潮を離れて北上し、北海道沖までやってきていたことが究明されたのです。そして、北からやってきた親潮は暖水渦に阻まれるため、北海道沖へ近づけなくなっていたのです。

このような仕組みで北海道沖に海洋熱波が発生したと考えられています。そして、その領域にブリが集まりました。

北海道でブリが大量に獲れるようになったのとは対照的に、「ひみ寒ブリ」で知られる富山県ではブリの不漁にあえいでいます。11月〜翌年2月の漁期に富山湾の定置網で捕獲されて水揚げされる6キログラム以上のブリが「ひみ寒ブリ」とされます。その水揚げ量は2013年に62000本ほどだったのが2021年には11000本ほどにまで激減してしまったのです。従来は11〜12月に青森県沖から南下していたブリが、南下しづらくなって富山湾を通過する数が減ってしまったのでしょう。

海水温の上昇によって、シイラやサワラなどの富山湾での漁獲量は増えました。しかし、これらの取引価格は寒ブリに比べて大きく劣ります。寒ブリの漁獲量減少は、大きな痛手となっているのです。

なお、海洋熱波が発生する原因はまだよく分かっていません。地球温暖化が関係しているとも考えられるかもしれませんが、海洋研究開発機構のグループの調査によると海洋熱波では海から大気に向けて熱が伝わっていたようです。地球温暖化（で温められた大気）が海洋熱波の原因ならば、熱は大気から海へと伝わるはずです。

・北海道の昆布

日本で食べられる昆布の90％ほどが北海道で生産されていると言われますが、その量が近年激減しています。生産者の高齢化や後継者不足などの問題もありますが、温暖化の影響も考えられています。水温が高くなると、昆布の根が腐ってしまうことがあるのです。2023年には、高級昆布として知られる「羅臼昆布」の養殖による水揚げ量が半分以上減った生産者が複数いたそうです。

今回は、海水温の変化が釣りに及ぼす影響を考えてきました。釣り人にとって非常に深刻な問題が現実にたくさん発生していることが分かります。地球温暖化はいろいろな形で人類の生活に影響を与えますが、釣りを通した影響についても私たちはよく考える必要がありそうです。

なお、2024年1月に起こった能登半島地震では、能登半島北西の沖合で海底が3メートルも隆起したことが分かっています。このような変化も、魚の生息域にも変化をもたらすことになるかもしれません。

3

海を
汚さないために

私たちが釣りを楽しむことができるのは、美しい海や川があってのことです。魚が暮らす環境が汚染されてしまったら、漁獲量にも大きく影響するでしょう。釣りをするときには、釣りが自然環境にどのような影響を与えるのかよく知っておく必要があります。

今回は、釣りを行なうことがその環境にどう影響するか、考えてみたいと思います。そして、悪影響を少しでも減らすためにどのようなことが必要か、実際にどのような研究が進んでいるか、といったこともとり上げます。

釣りを行なうときには、餌やルアーをつけた釣り針、おもりといったものを投入します。これらが無事に回収できれば問題ないのですが、100％回収するのは簡単ではありません。例えば、かかった魚と格闘している間に糸が切れてしまうことがあります。その場合、釣り針は魚の口に引っかかったまま残ってしまうことになります。また、うっかり海に落としてしまう、釣り場に置き去りにしてしまうという形で釣り針を環境中に入れてしまうこともあるでしょう。実際に、餌がついた釣り針を食べたことがきっかけで海鳥が死んでしまったということもあったようです。気をつけなければ環境に影響を与えることを意識して、釣り針を扱う必要があると言えます。

おもりには、鉛が使われることが多くあります。鉛には比重が大きい、柔らかく加工しやすい、といったメリットがあるためです。ただし、水中の生物、そして人間にとって鉛は有害な物質です。

おもりが海底の岩や海藻に引っかかってしまい、どうしても釣り糸を切らなければならないこともあるでしょう。その場合、鉛が水中に置き去りにされることとなってしまいます。鉛は他の金属と同様に水には溶けにくい物質ですが、波に揺られて岩礁にぶつかって破片が生まれることもあるでしょう。そして、細かく砕けた鉛が魚の口に入り、それを海鳥が食べたり、あるいは人間が食べたりすることになるのです。

このように、鉛製のおもりを使用することには環境に悪影響を及ぼす危険があります。そこで、鉄やタングステンといった金属製のおもりも使われるようになっているのです。鉄は最も多く利用されている金属であり、電化製品や調理器具をはじめあらゆるところで接しているものです。タングステンについては32ページで詳しく説明していますが、工具やアクセサリーなど身近なところで使われている金属です。おもりをこれらの悪影響の少ない金属に置き換えることで、環境への負荷を減らせるのです。

おもりと同様に気をつけなければならないのが、ルアーです。ルアーには、おもりと同様に鉛、鉄、タングステンなどの金属でできたもの（ジグ）、木製のもの、プラスチック製のものなどがあります。木製ルアーやプラスチック製ルアーは水に浮きますが、特に木材の密度は絶妙なため、切れのある動きを実現しやすくなります。ただし、削って作るコストがかかるため木製ルアーは安くありません。

それに対して、加熱溶融したプラスチックを金型に送り込む「射出成形」によって量産できるプラスチック製は比較的安価です。そのため、多用されます。そして、これが海洋を汚してしまう危険性を持っているのです。

近年、マイクロプラスチックによる海洋汚染は深刻な問題として受け止められるようになってきました。通常、サイズが 5 ミリメートル以下の微細なものがマイクロプラスチックと呼ばれます。これが、世界中の海に大量に浮遊していることが分かっているのです。

例えば、適切に捨てられなかったプラスチックゴミが海を漂流する間に紫外線によって劣化し、細かく砕けることでマイクロプラスチックとなります。これだけなら人々が気をつけることでマイクロプラスチックを減らせそうですが、そう簡単な問題ではありません。農業用シートや人工芝といったものが紫外線でボロボロになって流され、最終的に海へ流出することもマイクロプラスチック発生の原因です。自動車などのタイヤが摩耗して生じるくずもありますし、合成繊維でできた衣類が洗濯されてくずが発生することもあります。これらも海に漂うマイクロプラスチックの原因となりえるのです。

もしも地球上のすべての海鳥を調べられたとしたら、90％からマイクロプラスチックが検出されるだろうという推定もあるほどです。マイクロプラスチックを摂取した海鳥の血液中のカルシウム濃度は低くなり、卵の殻が割れやすくなり孵化する個体数の減少につながることも分かっています。

マイクロプラスチックは魚の体内に入り、それを食べた人間の体内にも入ることになります。このとき、マイクロプラスチック自体は食べた人の体内に蓄積されることはありません。しかし、プラスチックには酸化を防ぐ、柔らかくする、紫外線劣化を防ぐ、燃えにくくする、色をつけるなどの目的で添加剤が含まれています。添加剤には有害なものもあります。また、環境中に流出した工業用の油、殺虫剤、農薬などの有害成分は親油性を持ち、石油からできているプラスチックに吸着しやすいという特徴があります。マイクロプラスチックは有害物質の運び屋なのです。よって、これを体内に入れることの悪影響が心配されているのです。以上のようにマイクロプラスチックによる海洋汚染は深刻な問題ですが、プラスチック製のルアーが釣り糸から外れて海中に取り残された場合、やがてマイクロプラスチックとなる危険があります。おもりの場合と同様、釣りをする以上は何らかのアクシデントでルアーが海中に取り残される可能性があります。

なお、プラスチック製ルアーの中には鉛が入っていることがあります。キャスティングにおいて安定して飛び、飛距離が出やすくなるためです。その場合、プラスチック製ルアーとともに鉛も海中に取り残されることになります。

そこで、プラスチック製ルアーの木製ルアーへの代替が進んでいます。木製ルアーは安価ではありませんが、釣りの持続可能性を考えたときにルアーの素材選びは大切な視点となるのかもしれません。

2021年には、老舗のかまぼこ店である三陸フィッシュペーストによって「魚肉ルアー」が開発されました。腐らず、匂わず、長期保存が可能であるという優れた特徴を兼ね備えているもので、釣りに利用しやすくなっています。高い弾力性で実際の魚の泳ぐ姿を再現し、魚の好む旨味成分であるアミノ酸を配合して魚の嗅覚や味覚を刺激するようにもなっています。魚肉ルアーは人でも食べられるようにできており、環境に優しいものと言えるでしょう。

以上のように、ルアー素材のプラスチックからの代替は徐々に進んでいます。それでも、安価で扱いやすいプラスチック製のルアーはやはり手放しがたいものです。

そこで鍵になる可能性があるのが、生分解性プラスチックです。微生物の力によって、最終的に二酸化炭素と水に分解してしまうものです。これであれば、環境中に流出しても悪影響を抑えられそうです。

ただし、海の中ではそう簡単に行きません。海は、土壌や湖などに比べて微生物が極端に少ない環境だからです。通常の生分解性プラスチックの場合、海洋へ流出するとなかなか分解されないのです。

それでも、現在は海洋中でも分解が進むプラスチックの開発が進んでいます。利用される仕組みには次のようなものがあります。

・酸素濃度が低いところで分解するプラスチック

プラスチックは「合成高分子」と呼ばれ、細長い分子の集合でできています。この長い分子の中に、酸素濃度が低下したことが引き金となって分解する部分を作ったものです。

海洋に流出したプラスチックには、海底に沈むものがあります。海底の泥の中は酸素濃度が低くなっています。そのため、酸素濃度が低下すると分解するプラスチックは、海底に沈むと分解していくのです。

・休眠微生物を埋め込んだプラスチック

微生物の中には、熱や乾燥などストレスをかけられたときに死滅せず休眠状態に入るものがあります。これは「休眠微生物」と呼ばれます。休眠微生物は、ストレスが取り除かれれば活動する微生物に戻ります。

生分解性プラスチックにこの休眠微生物を埋め込むと、海中でプラスチックの分解が進みます。プラスチックが海中に流出し、傷がつくと埋め込まれた休眠微生物が露出します。すると、休眠微生物は活動するようになります。このはたらきで、生分解性プラスチックが分解していくという仕組みです。

人々が長きに渡って釣りを楽しめるよう、さまざまな研究が行なわれていることが分かります。今後の釣りでは、道具選びは目指す釣果だけでなく環境への影響も考えながら行なうべきなのかもしれません。そうすれば、おもりを海中へ残してしまったときや、狙った魚がルアーをくわえて逃げていったときの罪悪感が、少しは減るかもしれませんね。

Angler's Eye

他国語が記された海洋ゴミ

日本近海で釣りをしていると、他国の言葉が記されたゴミをよく目にします。そのようなとき、世界の海はつながっているのだということを実感します。実際に、日本語が記されたゴミが他国の海に流れているという事実もあります。海洋汚染は、世界全体で取り組まなければ解決できない問題だと痛感します。

もちろん、海洋汚染の問題には釣りをしない人や内陸部に住んでいる人々も関わっています。193ページで記した通り、人間の生活は川を通じて海とつながっているのです。

さまざまな立場の人々が海に思いを馳せ、協力していくことが、魚が暮らしやすい海を守り、ひいては私たちの食生活を守ることにつながるのではないでしょうか。

第5章
釣りから感じられる自然の不思議

1

ワカサギ釣りができるのは水の特殊な性質のおかげ

日本の冬の風物詩とも言えるワカサギ釣りは、日本各地の湖沼で楽しむことができます。最もポピュラーなのは、湖沼に張った氷の上に乗り、氷に開けた穴を通して釣る方法（穴釣り）でしょう。

ワカサギ釣りは、他の釣りに比べて軽量な道具で手軽に行なうことができます。初心者でも釣りやすいという魅力があります。また、釣ったその場で天ぷらや唐揚げにして食べることもできます。

ただし、湖沼が全面凍結しなければ穴釣りをすることはできません。以前は毎年全面凍結していたのに、近年は全面凍結しなくなってきている湖沼も多くあります。これには地球温暖化の影響が考えられます。地球温暖化はこのような形でも釣りに影響を与えるのです。

ちなみに、ワカサギのもともとの生息地は塩分濃度が海水と淡水の中間の汽水湖です。宍道湖、霞ヶ浦、八郎潟、サロマ湖などが有名です。現在は淡水湖にもいますが、これは汽水湖から移殖されたものです。例えば、長野県の諏訪湖には多くのワカサギがいますが、1914（大正3）年に霞ヶ浦から移殖されたのが始まりです。

さて、今回は氷上で行なうワカサギ釣りについて考えてみます。といっても方法にスポットを当てるのではなく、「どうしてワカサギ釣りを行なえる環境が生まれるのか？」について考えてみたいと思います。

冬の寒い時期に湖沼に氷が張ったとしても、その下には凍らず液体のままの水が存在します。もし湖沼全体が凍ってしまったらワカサギ釣りなどできなくなってしまいますが、そのようなことはありません。どうしてこのような環境が生まれるのでしょう？

また、例えば日本にも氷が張る湖沼がたくさん見られますが、日本近海で同様のことはまず起こりません。湖沼に比べて、海では氷が張りにくいのです。どうしてでしょう？

今回は、こういった疑問を解き明かしてみたいと思います。

水は私たちにとって非常に身近なものであり、私たちは水なくして生きていくことはできません。紀元前600年頃の哲学者タレスは、世の中にあるすべてのものの根源は「水」であると言ったほどです。

このような水には、実は特殊な性質があります。「凍った水（氷）は液体の水に浮く」ということです。

氷が液体の水の中で浮かぶのは、液体の水が凍ると密度が小さくなるからです。「それのどこが特殊なんだ？」と思われるかもしれませんが、ほとんどの物質では逆なのです。つまり、液体より固体になったときの方が密度が大きいのが普通なのです。

ただし、普段生活する温度帯で液体にも固体にもなる物質は、水だけでしょう。そのため、凍ると浮かぶのが当たり前と思い込んでしまっているのです。例えば、お酒に含まれ、消毒などでも使うアルコールであるエタノールは、−114℃まで冷やさなければ凍りません。そのため凍ったエタノールを目にすることは普通ありませんが、液体窒素などを使って凍らせたエタノールは液体のエタノールに沈みます。凍ると、密度が大きくなるのです。

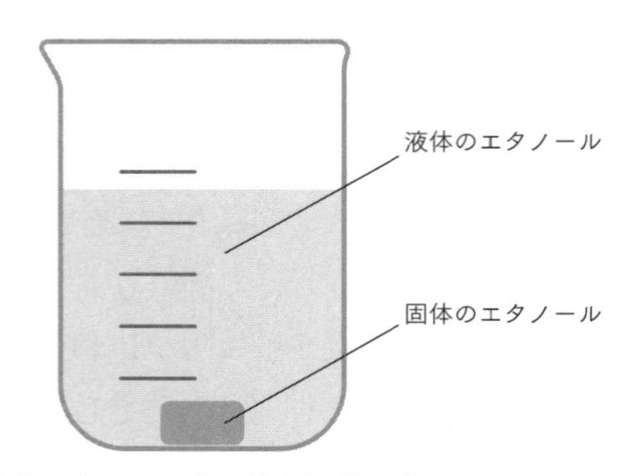

液体エタノール中に沈む固体エタノール

液体の水は、0℃まで冷えると凍ります。そして、液体のときよりも密度が小さくなります。

このときの密度変化は、詳細には次のようになっています。

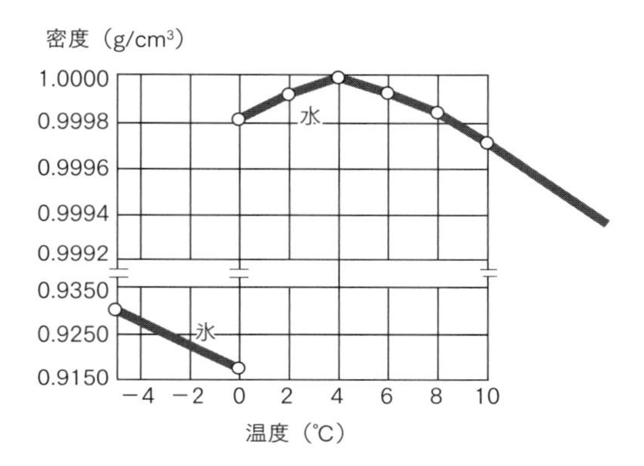

4℃以上の水については、温度が低いほど密度が大きくなります。浴槽に溜められたお湯では上の方が熱くなるのは、温度の高い水は密度が小さく上へ行くためです。

ところが、4℃を下回って 0℃に近づくときには、水の密度は小さくなっていくのです。そして、0℃で凍ることで一気に密度が小さくなるのです。

水の密度は、このように変化します。そして、その結果およそ4℃で密度が最大となるのです。

湖沼の表面に氷が作られやすいのは、4℃で密度が最大になるという水の性質によります。どうしてでしょう？ 湖沼が冷やされて氷が張る様子について、詳しく考えてみましょう。

冬の寒気に晒される湖沼は、冷やされていきます。このとき、4℃になるまでは温度が低いほど密度が大きくなるため、湖沼の底の方が温度が低くなります。

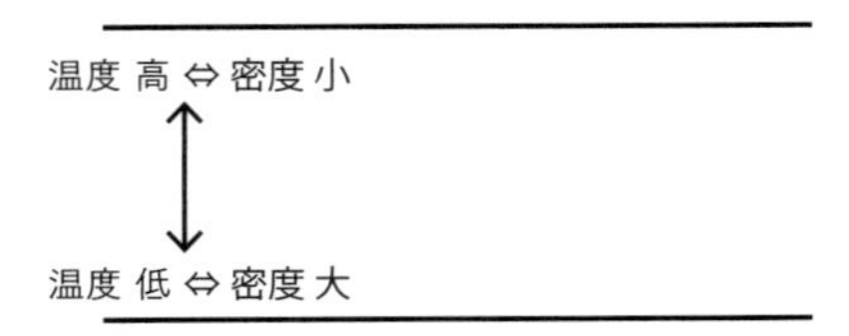

湖沼は、表面から冷やされていきます。すると表面の水の密度が大きくなり、下側にある水と入れ替わるように沈んでいくのです。

これが、4℃を下回ると状況が変わります。表面の水が 4℃よりも低温になると、4℃のときより密度が小さくなります。そのため、下側に 4℃ほどの水があれば、表面の水が沈み込んでいくことはなくなるのです。

よって、深いところは 4℃ほどに保たれたまま、表面付近の水だけがより低温へと冷やされていくのです。

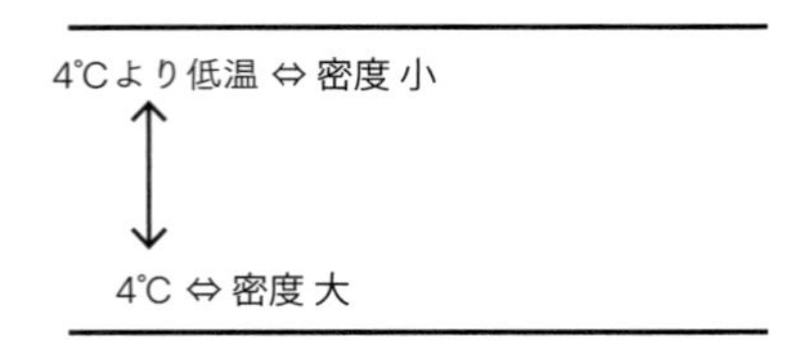

そして、表面の水が 0℃まで冷やされることで表面だけが凍っていくのです。

このように、湖沼は表面だけが 0℃まで冷やされれば氷が張ることになります。これが、湖沼に氷が張りやすい理由と言えます。

湖沼に氷ができやすいことを、海と比較して考えてみましょう。湖沼は淡水で成り立ちますが、海水には塩分が溶けています。この違いが、凍り方の違いとなって現れるのです。

まず、塩分が溶けている海水は 0℃まで冷やされても凍りません。これは「凝固点降下」と呼ばれる現象で、水に何かが溶けることで凍る温度（凝固点）が0℃より低くなるのです。冬の道路には、凍結防止のために「塩カル」（塩化カルシウム）という白い粒が撒かれます。雪が降るなどして濡れた道は、冷えた夜間などに凍結しやすくなります。このとき、水に塩化カルシウムが溶けることで凝固点が下がり、0℃では凍らなくなるのです。塩カルを撒くことで凍結が始まる温度を低くし、凍りにくくするのですね。

海水も同じです。水に塩分（おもには塩化ナトリウム）が溶けることで、凝固点が下がっているのです。具体的にはおよそ 2℃低くなっており、海水は −2℃ほどまで冷えないと凍らないのです。

このように海水の凝固点が低くなっていること自体が海水が凍りにくくなっている1つの理由なのですが、これだけではありません。塩分が溶けていると、密度が最大になる温度が純粋な水と異なるのです。このことも、海水の凍りにくい性質につながっています。

水の密度は約 4℃で最大になると述べましたが、塩分が溶けると変わります。塩分が濃くなるほど密度が最大になる温度は低くなっていくのです。

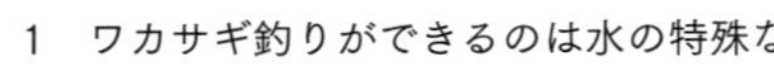

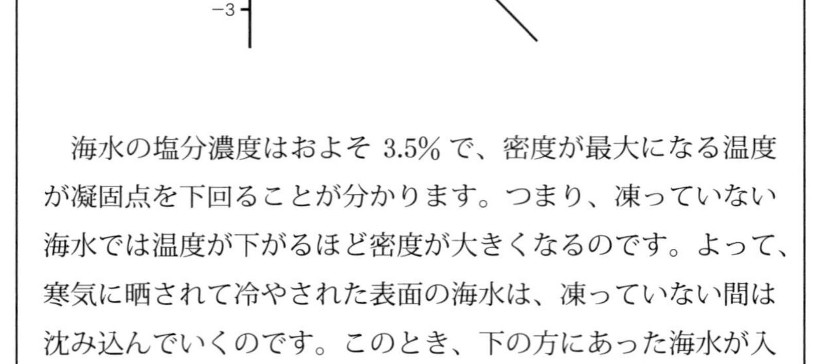

海水の塩分濃度はおよそ 3.5% で、密度が最大になる温度が凝固点を下回ることが分かります。つまり、凍っていない海水では温度が下がるほど密度が大きくなるのです。よって、寒気に晒されて冷やされた表面の海水は、凍っていない間は沈み込んでいくのです。このとき、下の方にあった海水が入れ替わるように表面に上がってきます。

このように、冷却される海水では循環が起こります。そして海水全体が冷やされていくことになり、表面だけが凍るということにはならないのです。

以上が、海水が淡水に比べて凍りにくい理由です。海が深いほど、冷やされる海水の量は多くなります。それらは循環するため、深い海ほどより凍りにくくなるのです。

ここまで、湖沼の淡水には氷が張りやすく、海水は凍りにくい理由について考えてきました。湖沼に氷が張りやすいおかげで、ワカサギ釣りが可能になるのですね。

さて、ワカサギ釣りでは多くの人が氷の上に乗ることになります。氷は湖沼に浮いているだけなのですが、多くの人が乗ることで沈んでしまうことはないのでしょうか？　このことについて考えてみましょう。

ワカサギ釣りが解禁になるのは、氷の厚さが基準を超えたときです。基準は場所によって違うようですが、厚さ 15 センチメートルが１つの目安のようです。ここでは、氷の厚さを 15 センチメートルとして考えてみます。

計算しやすいよう１平方メートルの氷の板を考えましょう。この氷の板の体積は、

$$1\ \mathrm{m}^2 \times 0.15\ \mathrm{m} = 0.15\ \mathrm{m}^3$$

です。そして、氷の密度（約 $920\ \mathrm{kg/m^3}$）と重力加速度の大きさ（約 $9.8\ \mathrm{m/s^2}$）を使って氷の板の重さ（重力の大きさ）は

$$920\ \mathrm{kg/m^3} \times 0.15\ \mathrm{m^3} \times 9.8\ \mathrm{m/s^2} = 1352.4\ \mathrm{N}$$

と求められます。

これを支えるために、浮力が必要となります。氷の板が受ける浮力の大きさは、液体の水の密度（約 $1000\ \mathrm{kg/m^3}$）、板の水中に沈んでいる部分の体積（V（$\mathrm{m^3}$）とします）、重力加速度の大きさ（約 $9.8\ \mathrm{m/s^2}$）を使って

$$1000\ \mathrm{kg/m^3} \times V\ (\mathrm{m^3}) \times 9.8\ \mathrm{m/s^2} = 9800\ V\ (\mathrm{N})$$

と求められます。ここで、浮力を求めるのに液体の水の密度

を使うのは、氷の板は液体の水から浮力を受けるからです。また、氷の板の体積そのものではなく水中に沈んでいる部分の体積を使うのは、板は水中に沈むことで浮力を受けるからです。

両者が等しくなるのは

$$9800\,V = 1352.4$$

より、$V = 0.138\ \mathrm{m}^3$ のときだと分かります。つまり、0.15 m^3 の氷の板のうち 0.138 m^3 の部分が水中へ沈み、残りの 0.012 m^3 は水面より上にあるのです。

水面より上に出ている氷の体積は、氷全体の$\frac{0.012}{0.15} = \frac{8}{100}$（8%）です。これが「氷山の一角」という言葉の由来です。

さて、氷の板の上に人が乗ると、氷の水中に沈む部分が増えて浮力がより大きくなります。もしも水面より上の 0.012 m^3 の部分がすべて沈んだとすると、浮力が $(1000\ \mathrm{kg/m^3} \times 0.012\ \mathrm{m^3} \times 9.8\ \mathrm{m/s^2})$ Nだけ大きくなります。1kgの物体にはたらく重力の大きさが約 9.8 N なので、これは

$$1000\ \mathrm{kg/m^3} \times 0.012\ \mathrm{m^3} = 12\ \mathrm{kg}$$

を支える力に相当します。

結局、氷の厚さを15センチメートルとすると、氷1平方メートルあたりに12キログラムという割合で人や物が乗ったときが、氷が沈まないギリギリの状態だと分かるのです。

実際には、氷上の1平方メートルの範囲内に12キログラム

よりずっと大きな体重の人が乗ることになるでしょう。それでも、氷上の重さを氷の面積で割ったときに氷　1平方メートルあたりが12キログラム以下となれば、氷は沈まないということです。氷上の一部分に重さが集中しても、それを広い氷で支えることになるのです。ただし、一部分に重さが集中しすぎれば、氷が割れてしまう危険があるため注意しなければなりません。

このように考えると、通常のワカサギ釣りを行なっている状況であれば大丈夫そうだと分かりますね。

2

黒っぽく見えていた魚が赤く見えるようになるのはどうしてか?

本書の最後に、魚の色について考えてみましょう。魚には多くの種類があり、背中が黒でお腹は白、全体が黒、銀色などさまざまな色のものがいます。その中でも、赤色の魚は特徴的と言えるかもしれません。

キンメダイ、キンキ、ノドグロ、ホウボウ、メンダコ、ベニズワイガニなど海中には赤色の生物がたくさんいます。これらには、深海に棲んでいるという共通点があります。深海に生息するものには赤色のものが多いのです(ただし、マダイなど浅い海にいる赤色の魚もいます)。どうして、深いところには赤色の魚がたくさんいるのでしょう?

また、船に乗って魚を釣り上げるとき、最初は黒っぽく見えていたのに水面に近づくにつれて赤色に見えてくる、ということがあります。どうしてこんなことが起こるのでしょうか? このとき、魚自体の色が変わるわけではないようです。それなのに、見える色が変わっていくのです。以上のことについて、物理をもとに考えてみます。

今回ポイントとなっているのは、赤色の光です。まずはこの性質について考えてみます。私たちが何かを見ることができるのは、そこから光が届くからです。光には波の性質があります。光にはいろいろな色がありますが、これは光にはいろいろな波長のものがあるからです。波長によって、光の色に違いが生まれるのです。

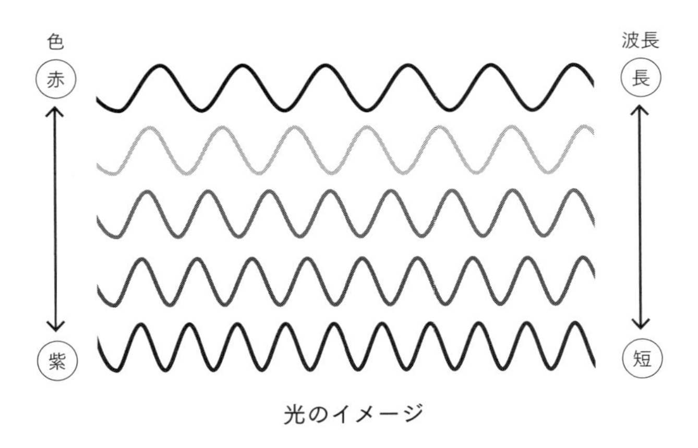

光のイメージ

私たち人間の目に見える光の中では、一番波長が長いのは赤色の光です。黄色、緑色、青色となるにつれ波長は短くなり、紫色の光の波長が最短です。赤色よりも波長の長い光は「赤外線」と呼ばれ、人間の目には見えません。紫色よりも波長が短い光は「紫外線」で、こちらも人間の目には見えない光です。

ところで、水は透明な物質です。「透明」とは「光を通過させる」性質を示しますが、実際には光を100％すべて通過させるわけではなく、光の吸収や散乱も起こります。日光に照らされた水の温度が上がるのは、光を吸収するためです。また、海の水が青く見えるのは海水によって青色の光が散乱されるためです（海が青色に見えるのには、空の青色が映って見える（水面で青色の光が反射される）ことも関係しています）。

このとき、光の波長（色）によって吸収や散乱のされやすさに違いがあるのです。上で説明した通り、青色の光は水によって散乱されやすい光です。それに対して、赤色の光には水に吸収されやすいという特徴があります。

赤色の光は水に吸収されやすいため、水中を進むにつれて減衰していきます。赤色の光は、水中では遠くまで届きにくいのです。このことが、深海に赤色の魚が多いことに関係していると考えられています。

日中の海には、日光が降り注いでいます。日光には、あらゆる色（波長）の光が含まれています。これらが水中を進んでいくことになるのですが、その中の赤色の光は水に吸収され減衰していきます。そのため、海の深いところへは赤色の光があまり届かないのです。深海は、赤色の光に乏しい世界と言えます。

さて、魚の体表では光の反射が起こり、反射光によって魚が認識されることになります。魚の色は魚が反射する光の色で決まり、赤色の魚とは赤色の光を反射する魚ということです。深海へは、赤色の光があまり届きません。そのため、赤色の魚にとっては体表で反射する光がわずかにしか存在しないということになり、周囲から見えにくくなるのです。深海では赤色の魚は認識されにくい、すなわち敵から見つかりにくい存在なのです。

このように、赤色は深海で生きる魚の生存競争にとって有利な色であることが分かります。このような理由で、進化の歴史の中で特に深海で赤色の魚が生き残ってきたと考えられています。

また、そもそも深海には赤色の光があまり届かないため、深海の生物は赤色を認識するように進化しなかったとも考えられます。つまり、赤色の魚は深海に生きる敵には見えにくい存在なのです。

深海に赤色の魚が多く棲んでいるのには、以上のような理由があると考えられます。そして、これらに加えてそもそも暗い深海の中では黒っぽく見える赤色は目立ちにくいことも、赤色の魚が深海で生きるのを有利にしているという考えもあります。

以上で、深海に赤色の生物が多くいる理由が見えてきました。生物の色には、光にまつわる物理が関係しているのですね。

そして、冒頭で述べたように黒っぽく見えていた魚を釣り上げると水面に近づくにつれて赤色に見えてくることについても、その理由が見えてきました。

このような魚からは、実際には赤色の光が反射されています。それが見る人の目まで届けば、魚は赤色に見えることになります。しかし、魚が深いところにいるときには、反射された赤色の光は海水中を長い距離進まなければ見る人の目まで届きません。このときに多くの赤色の光が吸収され、魚は赤色に見えなくなってしまうのです。

また、魚が深いところにいるときにはそもそもそこまで届く赤色の光が少なくなるため、反射される赤色の光が少なくなっているのです。この影響もあり、赤色が認識されなくなります。

今回は、赤色の魚にまつわる謎について考えてみました。ただし、魚と色の関わりにはよく分かっていないことが多いのが事実です。

　深海では赤色の魚は目立たないのですが、そもそも魚にはどのくらい色が見えているのでしょう？ 魚の視覚については未解明な部分がたくさんあります。
　例えば、どのような色のルアーを使うとよく釣れるのか、これは実際には経験的にしか分かっていません。深海魚を狙ったカラフルなルアーやグロー（蓄光材）を使ったルアーもあります。こういったものなら深海でも目立つはずと期待されてのものですが、実際に深海魚がどれだけ認識しているのかはハッキリとは分かっていないのです。
　魚介類は色よりも匂いを感じているのではないか、という考えもあります。カニ漁では、サバなど匂いの強い餌を籠に仕掛けます。すると、何百メートルも離れたところからカニが寄ってくるのです。カニの嗅覚は相当優れているのではないか、と考えられます。
　あるいは、魚は投入された餌や漁船によって生じる波動を感じているのではないか、という説もあります。もしもこれが正しければ、餌の色や匂いは関係ないことになってしまいます。海の生物たちの能力について、人間が知っていることは限られています。だからこそ、釣りでは経験が重要になるのですね。

Angler's Eye

釣りと共に生きるために

釣りのひとつに、コマセ（撒き餌）を使って魚をおびき寄せる方法があります。これは昔から行なわれてきた技術ですが、コマセが魚の口に入らず、海底に沈んでしまうことも少なくありません。こうしたコマセが海洋汚染の原因になるのではないかと懸念する声もあります。汚染には繋がらないという意見もありますが、いずれにしても釣りが海に与える影響を真剣に考えなければならない時代になったことは、疑いようのない事実です。

例えば、遊漁船での釣りではオニカサゴなどの魚がたくさん釣れても、「持ち帰りは一人〇匹まで」といったルールを船長が決めている場合があります。これは、成長に時間がかかり移動範囲が限られている根魚などが、同じポイントで釣られすぎるとすぐに絶えてしまうからです。このように、法律での規制とは関係なく、自らの判断でルールを設け、海を守ろうとする人々が増えているのです。これこそ、釣りを続けるために必要な意識であり、資源回復に向けた大切な一歩と言えるでしょう。

また、釣りのスタイルや海での活動は、釣り人だけの問題ではありません。川から流れ込む水によって海の環境は大きく変わります。家庭排水や工場排水がどのように処理され、海へ届くのか、意識されていないかもしれません。しかし、これらの排水が海の水質を変え、最終的には私たちの食生活にも深刻な影響を与えます。

釣りをする人も、しない人も、自分たちの生活が海に与える影響を真剣に考えるべき時代に突入したと言えるでしょう。

三澤 信也（みさわ・しんや）

長野県生まれ。東京大学教養学部基礎科学科卒業。2024年現在は、長野県伊那弥生ヶ丘高等学校で教鞭を執っている。物理の楽しさを伝えられるよう日々努力している。

『図解いちばんやさしい相対性理論の本』『日本史の謎は科学で解ける』（ともに彩図社）、『入試問題で味わう東大物理』『入試問題で楽しむ相対性理論と量子論』（ともにオーム社）などの物理教養本、『大学入試 物理の質問91』（旺文社）、『難関大対策 物理「解法」の解説書』（エール出版社）などの大学受験参考書と、著書多数。

【監修・協力】

市川 憲一（いちかわ・けんいち）

長野県にある(株)アイサポート代表。釣り好きが高じていろいろな釣りをしているうちに、目標は次第に大きくなり、ついにマグロにたどりついた。そして、「釣り上げて捕獲する道具も自分たちの手で作りたい」との思いから、製造技術を活かしてマグロ捕獲用の道具を自作した。これを用いて実際に自らの操船でマグロを釣り上げ、この上ない感動を味わった。そこで、多くの人にマグロ釣りの楽しさを共有してほしいとの思いから「TunaLovers」というブランドを立ち上げ、製造販売を開始した。現在も海や川で釣りを楽しみながら、多くの人に釣りの楽しみを届けている。https://www.tuna-lovers.com/

◉── カバーデザイン　都井 美穂子
◉── DTP・本文図版　あおく企画
◉── 校正・校閲　株式会社ぷれす

ぶつり学入門 物理学の視点で釣りを科学する

2024年 11月 25日　初版発行

著者	三澤 信也
発行者	内田 真介
発行・発売	ベレ出版 〒162-0832　東京都新宿区岩戸町12 レベッカビル TEL.03-5225-4790 FAX.03-5225-4795 ホームページ　https://www.beret.co.jp/
印刷	三松堂株式会社
製本	根本製本株式会社

落丁本・乱丁本は小社編集部あてにお送りください。送料小社負担にてお取り替えします。

ISBN 978-4-86064-778-0 C0042　　編集担当　坂東一郎